命运靠自己转弯

董明珠与老干妈的创业人生

| 朱吉儿◎著 |

中国華僑出版社

图书在版编目（CIP）数据

命运靠自己转弯：董明珠与老干妈的创业人生 / 朱吉儿著 .—北京：中国华侨出版社，2017.3
ISBN 978-7-5113-6724-2

Ⅰ . ①命… Ⅱ . ①朱… Ⅲ . ①成功心理 – 通俗读物 Ⅳ . ① B848.4–49

中国版本图书馆 CIP 数据核字（2017）第 058513 号

命运靠自己转弯：董明珠与老干妈的创业人生

著　　者 / 朱吉儿
责任编辑 / 桑梦娟
责任校对 / 王京燕
经　　销 / 新华书店
开　　本 / 670 毫米 ×960 毫米　1/16　印张 /18　字数 /279 千字
印　　刷 / 北京建泰印刷有限公司
版　　次 / 2017 年 7 月第 1 版　2017 年 7 月第 1 次印刷
书　　号 / ISBN 978-7-5113-6724-2
定　　价 / 36.00 元

中国华侨出版社　北京市朝阳区静安里 26 号通成达大厦 3 层　邮编：100028
法律顾问：陈鹰律师事务所
编辑部：（010）64443056　64443979
发行部：（010）64443051　传真：（010）64439708
网　址：www.oveaschin.com
E-mail：oveaschin@sina.com

前言

女性不是生活的配角，也不是弱者的代名词，越来越多的女性用自身的力量改变着世界的看法，诠释事业女性的独特魅力。其中有两位不得不说的，就是本书的主人公格力电器总裁董明珠和“老干妈”的创始人陶华碧。

董明珠曾说:“对自己狠一些，逼自己努力，再过5年你会感激今天发狠的自己，恨透今天懒惰自卑的自己。”或许，我们可以从中窥探到这位“铁娘子”的成功属性。从36岁南下打工，成为普通的基层业务员，到10年后晋升格力总裁，她创造了中国营销界的神话，也创造了大龄职场女性逆袭的传奇人生。她霸气、真诚、单纯、执着……不同的角度会解读出不同的董明珠，但在这些背后，我们都可以从中看到一个女性企业家对企业、对中国制造的无限情怀。

说起陶华碧，或许认识的人很少，但说起“老干妈”，就没人不知道了，陶华碧就是“老干妈”的创始人。一瓶小小的辣椒酱改变了“老干妈”陶华碧困窘的生活，也影响着千千万万人的口味。42岁创业，68岁坐拥70亿，坚持品质为王，不营销、不推广，不上市、不贷款、不融资。就是这样的她，将小小的辣椒酱卖到了全世界，靠舌尖的口碑征服了世界。陶华碧曾说，我不用名片，“老干妈”就是我的名片。“老干妈”陶华碧用不服输的坚强改变了自己的命运，也为千千万万的人带来了无比振奋鼓舞的力量。

看似毫无交集的两人，用各自的行动和成就演绎了平凡女性的不平凡的人生。她们的成功有各自不同的原则和方法，却又有着相同的坚持和努力，逆流而上的韧性，不屈于世俗的倔强，对产品品质的匠人情怀和身为企业家的中国大爱。

女性要懂得为自己而绽放。本书将董明珠和“老干妈”陶华碧的创业与人生历程、经商与人生哲学集结成书，献给所有立志改变自己的人，愿每个你都能从她们的经历中得到鼓舞自己的力量。

目录
Contents

PART 1　逆流而上

PART 2　不屈世俗

董明珠：为何按常理出牌

陶华碧：在资本市场特立独行

PART 3　匠人情怀

董明珠：从“中国制造”到“中国智造”

陶华碧：“老干妈”就是我的名片

PART 4　铁腕柔情

董明珠：诠释另类柔情

陶华碧：婆婆妈妈不是“老干妈”

PART 5 女性的力量

董明珠：女性不是配角

陶华碧：女性光华在于魄力

PART 6　我的中国梦

董明珠：让世界爱上中国造

陶华碧：华人的“老干妈”要卖向世界

后记

PART 1
逆流而上

苦难也可以是命运的一种偏爱。如果你能扼住命运之喉，逆流而上。

董明珠：女人要对自己狠一点

对自己狠一些，逼自己努力，再过 5 年你会感激今天发狠的自己，恨透今天懒惰自卑的自己。

——董明珠——

从 36 岁开始的传奇

1954 年 8 月，董明珠出生在古城南京一个普通的市民家庭里。父母给她取名为“明珠”，这只是平凡家庭给予她的名字，然而这个名字后来却与“珠海”紧紧地连在了一起。

在公司里，她被称为“格力灵魂人物”、“铁娘子”、“常有理”、“营销女王”、“工作狂”；在网络上，她的霸气、好胜、强悍被无限地放大，并因此流传出许多广为人知的段子；在商业圈里，她是竞争对手们赶超追逐的对象；在媒体眼里，她是中国出镜率最高的企业家；在粉丝那里，她更是一个令人敬佩爱戴的超级偶像。

从 36 岁南下打工来到格力，如今的董明珠已经 62 岁，已在格力工作了 20 多年。她从一个普通的业务员做起，一步一个脚印，一年一个跨越，勇往直前，最终坐上了格力总裁的位置。格力每一次面临危机，她都能临危不惧，挺身而出，力挽狂澜，扭转乾坤。在她的带领下，格力成为中国首家营业收入破千亿的家电上市企业，并于2005年进入全球500强企业，在家电类企业中排名全球第一。而她个人，也多次登上美国《财富》杂志，被选为“全球最具影响力的50位商界女性之一”，还曾排名福布斯亚洲商界权势女性第11名。这些辉煌和荣誉不得不令人们惊叹于一位不平凡的传奇女性的精彩人生。

然而，每一个成功者的背后都蕴含着无数奋斗的艰辛与汗水。董明珠年轻时就读于安徽省芜湖干部教育学院，毕业后在南京一家化工所做行政工作，然后结婚生子，像天下所有女性一样，过着平淡而幸福的小日子。然而，人生无常，命运跟她开了一个晴天霹雳式的玩笑。在她30岁那年，丈夫突然病故，打碎了一切的美好。

董明珠30岁丧夫，还带着儿子，过着平凡的生活，拿着微薄的工薪，她相貌不算出众，家庭也平凡至极。为了照顾孩子，董明珠不得不独自负担起这个家庭，就这样过了6年。36岁那年，倔强的董明珠决定挑战自己的命运，不再接受老天的安排，她要翻身做命运的主人。她把年仅8岁的儿子托付给母亲抚养，独自一人南下闯荡。

一次偶然的机会，她替一个朋友到珠海办事，被珠海广阔、宁静、悠闲的环境所吸引，于是决定留在那里找工作。她应聘到海利空调器厂，成了一名基层业务员。当时的海利空调，就是现在格力电器的前身。从此，她跟格力算是结了一世的缘分。也是在这里，她成就了自己的海阔天空。

由于董明珠之前一直做的是办公室工作，从未接触过销售，初入商海的她完全是个销售盲，没有任何的相关经验，也没有什么值得借鉴的经历。公司最初安排她先跟着老业务员学习。

那时的中国正处于由计划经济向市场经济转型的时期，许多新兴行业在阵痛中应运而生，对很多人来说，这既是机会，又是挑战。36 岁的董明珠心里非常明白，她现在的年纪已经经不起任何犹豫和懈怠，她需要比常人更加义无反顾和坚韧不拔，才能改变自己的人生。她不能输，她必须赢！这种切断一切后路、破釜沉舟的精神头儿，鼓舞着她去做每一件事。

她跟老业务员跑业务的那段时间，常常需要出差。那时正值 7 月，火车里像蒸笼一样，又闷又热。腼腆的董明珠因不好意思在火车上吃东西，饿了一整天，等下车时，由于体力不支，躺进了宾馆。住宾馆时她还不慎摔伤，同事劝她好好休息，但她坚持带伤跟着跑业务，直到去完北京大制冷展示厅，来到沈阳时，实在无法忍受疼痛，她才去医院做了个检查。这一查，才发现骨裂了！但是她白天仍然坚持跑业务，晚上再回来休息。为了学习经验，她还寸步不离地跟着老业务员去谈客户。靠着这份勤奋刻苦，董明珠不仅在半年内就掌握了洽谈业务的基本技能，还掌握了根据安装空调的房间面积、所处位置、窗口大小，应如何配置多大功率、什么型号的空调，以及空调使用和维护等方面的知识，懂得了怎么应对不同领域、不同性格、不同品行的经销商。营销对她来说，很快由一个陌生的概念，变成实实在在的东西。

当时的业务洽谈喜欢拼酒，董明珠不会喝酒，但她硬是靠真诚的态度，谈成了一单又一单的生意。跟着老业务员跑业务的半年中，她一个人就完成了 300 多万元的销售额。

接着，公司安排她去安徽一家公司追债，董明珠终于要一个人战斗了！她既高兴，又兴奋，还有点紧张。对于追债，每个公司都非常头疼，应收账款挂在账面上，却又不能成为有效的流动资金，并且随时有成为死账、坏账的可能，这极大地阻碍了公司的正常发展。当时要追的债是前任业务员遗留下来的，跟不相干的个人完全无关，因此大家对于追债都避之不及。董明珠对自己能不能要回这笔钱，心里也很没底，但她告诉自己：“杀人偿命，欠债还钱，这是天经地义的事情，谁跟我要无赖都没用，我一定要把这笔债要回来！”靠着这股执着与光明磊落的拼劲，董明珠连续40天来这家公司“磨功”。公司的牛总以各种理由糊弄敷衍她，董明珠却不为所动，坚持天天往他办公室跑。见不到刻意躲着她的牛总，董明珠就动之以情，晓之以理，不断跟公司的员工谈论各方的处境，希望他们能相互理解。终于，她的诚恳与执着感动了那些员工，当牛总来到公司上班时，就有人偷偷打电话告诉她。牛总被她缠得无可奈何，不得已让她把废旧的空调全部拉回了公司。同时，董明珠又多搬了其他货物，直到能抵上42万的欠款为止。

在满载“退货”的东风货车准备离开这家公司的那一刻，董明珠忍不住流下了辛酸的泪水。追债实在是太不容易了！她转头对牛总说：“我这辈子都不会跟你这种人合作！”可能许多人会说，追债不是个人的事，她为什么要如此较劲呢？董明珠却说：“我觉得作为一个人来讲，你一定要对别人负责任。你是这个企业的员工，就要对这个企业负责任！”

当东风货车满载一车空调赶回珠海后，全厂上下为之振奋。对货物进行清理，扣除抵格力空调42万元欠款的货物后，董明珠又把多余的货物单独存放，并打电话给牛总，让他派人过来拉回货物。

董明珠说：“把多余货物退还给他，是让他知道，我们不想占他们便宜。同时让他们派人过来拉货，是对他们不守诚信的一次惩罚。”

既维护自身正当的利益，又不忘给对手一次教育的机会，这次追债行动，让董明珠树立了威信，同时得到当时的总经理朱江洪的赏识，这为二人以后的黄金搭档组合奠定了基础。这件事后来也成为营销界的经典故事，为董明珠在格力的打工生涯开了一个好头。

追债事件也让董明珠意识到当时整个行业先货后款的代销制不利于厂家的发展。那些经销商对厂家的态度简直是颐指气使，这根本就违反了市场规律。为此，她给自己定下了一条规矩，即“先款后货，绝不赊账”！

带着这种新理念，她走访了一个又一个经销商。在当时的大环境下，她的这种想法显得可笑至极，她被许多经销商果断拒绝。但董明珠天生就有一种坚持不懈、誓不罢休的韧劲儿，终于有一天，她在安徽淮南一家电器商店里碰到了一个愿意先款后货的中年女经理。对方被董明珠的勤奋和诚恳所感动，同意先进 20 万元的货试试，好销再多进，不好销就立即停止双方的合作。

为了完成这第一笔生意，董明珠采取了上门跟踪服务的方式。她站在店里做推销，给顾客讲解，同时建议经理发动员工，把产品推荐给他们的亲戚朋友试试。她这种完全不同于其他业务员那样签完合同就甩手不管，而是真心实意地为商家想办法，出谋划策，真诚服务的行为，为她赢得了口碑。而好的口碑就是最好的宣传。接下来，董明珠用同样的办法，接了一个又一个的订单。经销商们纷纷赞扬董明珠服务贴心，说销售格力产品最省心、最轻松。同年，她又在安徽芜湖、铜陵打了两场大胜仗。与此同时，在合肥、安庆也找到了可靠的经销商。仅 1992 年这一年，董明珠在安徽的销售额就突破了 1600 万元，占公司总销售业绩的 12.5%。

从此，董明珠的大名便在公司里传扬开来。

就在董明珠崭露头角时，格力电器最重要的缔造者，后来任董事长的朱江洪，经历一番辗转后，终于站到了历史为他安排的位置上——他被调回珠海任命为厂长。

朱江洪是做技术出身，为人厚道、慈悲、和气、友善。早在董明珠第一次追债成功时，他就对她颇为欣赏，并一直暗自观察。这次来到珠海，两个一心一意干实事的人，可谓珠联璧合，惺惺相惜。

当时海利公司还是个十足的烂摊子，企业规模小，产品销路不好，产品也存在严重的质量问题，客户投诉时有发生。朱江洪为提高产品质量，一头扎进技术研究中，并跟两个助手一起给海利取了一个崭新的名字——格力。可以说，董明珠在安徽旗开得胜，跟朱江洪的付出，也是密不可分的。

当时的格力在南京还没有市场，朱江洪把这个开拓者的重任交给了董明珠。他深信，董明珠是个可以挖掘的“好苗子”，因为他能看到她身上存在着一种与众不同的闪光点，那就是她从来不打自己的小算盘，不仅有责任心和义务感，而且更难得的是，她特别有思想和悟性。

自然，董明珠也没有辜负朱江洪的期望。南京是她的家乡，在这个熟悉无比的家园里，她通过努力，不仅为格力空调打开了市场，而且在 1993 年使格力空调的销售额翻了 10 多倍，卖了 3650 万元！加上安徽市场个人销售额的 1600 多万，董明珠在短短 3 年时间内创造的销售额占据了整个公司的 1/6 还多！

1994 年，董明珠结束了 3 年业务生涯，回到珠海格力电器总部，出任经营部副部长。这也是朱江洪对她的承诺。这次的任职，可以说是董明珠人生又一个重要的转折点，同时也开启了后来的“朱董配”时代。

在人们的印象中，一山难容两虎，更何况是两只性格截然不同的“虎”。董明珠与朱江洪的争吵早已司空见惯。朱江洪宽容、沉稳、低调、谦和、会安慰人，善于听取别人的意见，没架子，讲究放权。而董明珠则强势、霸道、自信、执着，更看重主导权，对放权问题相对保守。其实，放权可以让员工更多地意识到自己的价值和责任，这也未必不是一件好事。但是，正如华为老总任正非在“自白信”里所说的那样：“一个什么都懂的领导，反而不敢大胆放权。”董明珠是从基层一步步做起的，这其中的各个环节她都比较清楚，所以她对放权的担忧也是可以理解的。这也完全是出于她对工作的高度责任感。

在无数的争吵中，他们非但没有一拍两散，反而更加惺惺相惜，处处以默契搭档的姿态示人。正如科龙电器前总裁王国端形容的那样：“朱江洪遇到董明珠是朱的福气，董明珠遇到朱江洪是董的运气。”

然而，运气是不可强求的，磨难却是最好的老师，它能使人成长。有人说，磨难来得越早越好，最好是在30岁之前。太晚了，人生就容易在磨难面前屈服，永远爬不起来。但是36岁才走出去的董明珠，经历着最艰难的时光，却接受了时间的洗礼和磨炼。她像鹰一样蜕变、重生。

20多年过去了，工厂从海利变成格力，而董明珠则演绎着属于自己的传奇，从一个普通打工者变成格力董事长。这几十年来，她把自己变成一个比男人还男人的强者，在这个以男人为主导的商业圈里，她大刀阔斧地实现了自己的凤凰涅槃，她重生得如此漂亮而又绚丽！

危难之中留下来的人

1994年，对于董明珠来讲尤其重要，这是她命运发生转折的一年。这一年，她的命运跟朱江洪的命运，被一只无形的大手紧紧地联系到了一起。

那年董明珠被召回公司，担任经营部副部长。这一时期可以说是公司的危难时期，局面十分复杂，岌岌可危。

一是作为总经理的朱江洪，为人忠厚仁慈，一心一意开发新产品，“一不抓钱，二不抓人”，将权力全部交给了负责销售的副总，造成公司内部出现了一些不合理的情况。而且，两人在公司发展前景的问题上，也产生了分歧。

朱江洪认为，企业所取得的成绩，是各部门密切配合、整体努力的结果，包括开发新产品而夜以继日、废寝忘食工作的科技人员。他认为，只要是精品，走到哪里都会有人要，不用请吃请喝到处做推销。销售策略固然重要，但是产品质量更加重要。如果质量不过关，产品款式不新颖，技术跟不上，要取得好的销售成绩是不可能的。一个坏的产品，无论销售人员怎样努力，产品都不可能占据市场。在他看来，把企业发展的功劳都记在销售人员身上，对其他人是不公平的。

而当时的市场现象却跟负责销售的副总的观念不谋而合。他们认为，产品好，自然是打开市场的一个必要条件，但并不是充分条件。质量好的产品，如果没有一个好的销售员将它推向市场，再好的东西都不一定会畅销。销售人员才决定着企业的命运。

而在当时，许多公司也的确是那么做的，大规模的“挖墙脚儿”、“策反”事件层出不穷。

当时两个人意见分歧严重，而又恰逢一家刚成立的空调企业找到格力副总，并承诺只要他的销售额超过 3 亿元，企业就给 3% 的业务费，外加 2% 的广告费。在高薪的诱惑下，格力公司发生了“集体辞职”事件。公司副总带着 8 名业务员、两名财会人员集体跳槽。

这一事件，让朱江洪意识到公司在管理制度方面还有许多欠缺。当时的空调市场竞争激烈，缺乏规范，许多企业在市场上获得了一点成绩，就单纯地认为是销售人员的功劳。他们为此不惜一切代价四处投机。而有的销售人员就把自己看得十分重要，认为他们才是公司发展最重要的力量，从而养成了养尊处优甚至唯利是图的心理，对于朱江洪的意见自然不能接受，他们的辞职在所难免。

同时，朱江洪内心清楚地意识到，企业要想长久发展，就必须不断发掘培养人才，只有挖不走的人才，才是企业真正需要的人才。能在危难之中留下来的人，才是企业发展的脊梁。只有一心一意为企业谋利益，而不是把个人的私欲作为出发点干工作的人，才是公司能委以重任的人才。

董明珠就是在这种情况下被委以重任的。而在当时，董明珠个人的业绩就占了全公司销售额的 1/6，想挖墙脚让她跳槽的公司不在少数，出的价格也不少，但是她都很坚定地拒绝了。

2003 年，有一家民营企业老板想以年薪 5000 万元的高价来挖董明珠，她很干脆地拒绝对方，理由是：“我每年至少得为你挣回 5000 万元，甚至更多。”

这显然不是她拒绝对方的真正原因。以她的能力，每年为公司创造出高于5000万元的利润，是轻松有余的。之所以拒绝对方，就是因为她有着更高的企业家精神。在她的思维里，做企业不仅仅是赚钱，还有着一种不容推卸的社会责任！

正是由于她具有这种对公司极度忠诚的企业家情怀，一个月后，在全员同意的情况下，她顺利地从副部长升为正职。

2004年，有一家美国企业想要收购格力，并许诺给董明珠8000万年薪，面对如此大的诱惑，董明珠再次选择了拒绝。

多年后解释这件事时，她是这么说的："当时谈判的价格，是以净资产9亿元出让给外国的品牌，假如2004年就把格力卖掉了，那格力今天还能为国家创造年税收150亿元吗？不能了。更重要的是，我们被别人收购完以后，就丧失了自主创新的能力。20多年来，格力坚守住自主创新，才终于走到了今天世界500强的队列里面。"

按照当时的条件，对董明珠个人来说，如果仅考虑自己的利益，被收购是最简单的，也是最解放的一种方式。因为她既可以拿到高薪，同时也不受国企制度制约。董明珠之所以严词拒绝，是因为她担心一旦卖掉格力，那我们中国自己的品牌，哪一天才能够诞生呢？

从这个意义上讲，董明珠心里所想的始终都是大局。她更在意公司的利益、前途、发展，而不是个人的得失。

其实，1991–2004年这14年间，格力就已经摆脱了困境。从1997年起，格力就一直没有跟银行贷过款。它依靠制度上自主创新实现了这样的转变。

董明珠坚持产品为王，她认为，只有可靠的产品，才能捕获市场消费者的芳心。格力确立了"技术创新，自主研发"的发展战略，到2014年，格力公司内部建立了4个研究院，且有5000

多名专业研发人员。格力科研投入不设上限，“按需分配”，仅2012年其研发投入就超过40亿元。

格力对技术创新的重视可见一斑。董明珠说，“一个企业，只有在没有核心技术的情况下，才会遇到天花板”。经济报记者在格力采访时曾看到，前来格力公司订货的外商络绎不绝。而在公司珠海总部，格力正在实施一线员工一人一居室的“安居工程”，7幢20层的员工宿舍已经基本竣工，新的一轮建设又在准备之中。

但是对于不研究产品、走歪心思的员工来说，董明珠对他们的态度就没有那么“友善”了。20世纪90年代末至21世纪初时，清华大学只有两个搞制冷专业的博士后，其中一个人到了格力。他来了之后，技术和产品由他来定，他说这个零件合格就合格，他说这家零件好，就采购这家的。权力之大，令这位博士后动起了歪脑筋。

董明珠当上总经理后，力排众议，将这位博士后开除。她不怕别人议论她“不重视人才”。董明珠说：“什么叫作人才？品德才是第一位的！如果没有品德，那就不是人才！”

有人认为，格力的持续快速发展靠的是营销，董明珠则认为一个企业的竞争力不是销售，也不是技术，而是文化。

她认为格力有4点创新：一是营销走了自主创新；二是管理模式走了自主创新；三是人才；四是技术。她强调以下几点：一是一个企业首先要有一个优秀的团队；二是加强制度建设，有制度才能谈公平公正，才能让每一个年轻人在格力找到自己的未来和希望；三是企业还要有一个好的运营模式。

董明珠是一个说到就会做到的人。她当上总经理后，干的第一件事就是干部作风整顿，要让干部意识到，他们是服务于整个企业的，不能把手中的权力当作牟利工具。通过 2002 年的整顿，2003 年格力的销售收入首次超过 100 亿元。

过去，格力和中国其他家电企业一样，除了自己加工注塑件外几乎没有一样零部件不是从外面采购而来的，说白了就是一个代工厂。董明珠认为，这样走下去，对企业的发展是极度不利的。因此，格力走上了一条自主研发的道路。20 多年来，格力已经能够做原创性的产品，格力自己研发的技术可以做到在零下 30 摄氏度进行制热。

董明珠说：“产品不好，营销越好，就越是一种欺骗，久不了的！产品不把关，又想赚钱，营销再好，也是昙花一现！”

就在众多企业纷纷倒下时，格力凭借自身的技术创新，安然地躲过了一场声势浩大的金融浩劫。不得不说，格力的平稳迈进，跟董明珠长远而独到的眼光是密不可分的。

斗争，毫不妥协

1994年，董明珠离开南京，结束了3年的业务员生涯，回总部出任经营部副部长。之所以让她先干副职，是因为当时公司高层领导中还存在着一些不同的声音。

然而董明珠不仅没有抱怨，反而干得有滋有味。她每天只睡5个小时，心思都在工作上。有时半夜三更想到了一个好办法，她会立即爬起来，拿出本子记下来。很多好的办法据说都是这样想出来的。对工作的无比热忱，让她得到了“工作狂”的称号，她为此感到自豪。她觉得作为公司的一名员工，永远都要为公司的利益着想。一个人再有能力，如果企业垮掉了，那这个人还能存在吗?

上任后，她一改往日平和的作风，变得“无比严厉”。当时有个经销商找到董明珠的哥哥，想通过他的关系拿到3000多万元的货，并答应给他2%的提成。这看起来是一件对公对私都有好处的事情。哥哥千里迢迢赶到珠海，说明来由，不料却被董明珠严词拒绝了。

董明珠接着给那个经销商打电话，对方刚开始还很兴奋，以为接对了头，不料听到她在电话里说:“以后我们都不再给你供货了。”后来这个经销商给董明珠写了一份保证书，答应以后绝不找她哥哥拿货。而那一年，他做到了7000多万元的销售。如果董明珠答应了哥哥，她的哥哥也可以赚到100多万元，但是董明珠却没有。她的理由是，如果今天答应了哥哥，那以后所有的商家会如何看格力电器？他们还会用心去做市场吗？他们只会天天想办法找她勾兑。对董明珠来说，当她拥有了权力时，权力不是为她个人服务的，她的出发点始终是公司，而不是个人的利益。

除了对自己的亲人“铁面无私”之外，董明珠对员工也相当严格。当时正处旺季，空调的销量非常好。这时，不要说开票的人有权力，就连搬运工都有了一点权力。搬运时，谁给点好处，就先给谁搬。发货时，谁给了好处，就先给谁发货。同时，账册上也出现了这样那样的问题，仅应收款就高达5000多万元，而且相当一部分根本无法追回。比如一家企业明明欠款100多万元，但格力电器竟拿不出任何有效凭证，更无法查出内部是谁的责任。再比如，一张宣传单，市场价是0.2元，格力电器付的价格却是0.88元。公司花了450万元在机场租了一个广告牌，但却背着人流方向，谁都看不到……董明珠实在看不下去，这样一盘散沙的公司，发展前途会在哪里呢？她径直跑到朱江洪那里，开口要求把全部对外财务都归自己管。她要给公司建立一个完整的制度和行为约束，而朱江洪也当场表示同意。

自那时起，格力电器公司内，所有女性不准戴耳环，不准留长发，有长发的也要把头发挽起来，也不许迟到早退，不许喝茶看报吃零食聊天。发现一次罚50块，发现两次罚100块，发现3次直接走人。大家都以为她只是说说。有一次距离下班只有10秒钟时，一群同事吃东西被董明珠看到了。她当场罚了每人50块钱，对拿东西给大家的那个人罚了100元。因为那个拿东西给大家吃的人家境并不富裕，事后董明珠又偷偷地找到她，从自己的口袋里拿出100块送给了她。但她却反复强调说，这个钱并不是公司退给她的，触犯了公司规定的人，一定要被罚，之所以给她钱，只是因为觉得她家庭贫困，这是私人对她的帮助。

有次董明珠生病住院了，大家特别关心她，特意跑到医院去探望她，她虽然非常感激，但是出院后，还是不留情面地对违反纪律者进行了批评和罚款。

一年公司广告招标，一家广告公司是某政府领导推荐的，但在招标第一轮就被董明珠刷了下来。她直言不讳地说："连报价系统都不完善，凭什么来招标？"

在董明珠的世界里，一切都要清澈见底，不接受任何一点的灰色地带。因此，董明珠得罪了一些人。那些人认为她"多管闲事"，妨碍了他们发财的机会，企图联合起来轰她下台。但每当这时，朱江洪都坚定地站在了她背后。正是靠着这种大刀阔斧、"眼里揉不进沙子"的精神，董明珠任职后的公司再没有出现过一分钱的应收款。

2001年，格力电器业绩出现严重滞涨，销售额连续几年徘徊不前，对于公司出现的问题，不少领导把责任推给了员工。但董明珠却认为容易犯错的人，都是一些手上有权力的人，而不是工人。为此，她迅速撤换了一批不合格的中高层干部。"刮骨疗毒"之后，一封封针对她和朱江洪的举报信不断出现在上级领导部门，调查组也不断在格力电器进进出出。后来他们俩没事，而其他贪污的干部受到了惩罚。

这件事之后，董明珠迅速撤掉了原本挂在厂长门口的举报信箱，她不要搞形式，她要倾听来自群众的最真实的声音。她把信箱分别放在了公司的卫生间、食堂。后来的一段时间里，整个公司出现了700多封建议信。这些来自下层的真实声音，让她对公司的管理更加到位，不断完善。同时，她要求凡是党员都要佩戴党徽，每天接受大家的监督，时刻提醒自己是一名共产党员，要在工作中起带头作用，要做到公私分明，不能为自己谋私利，只要发现一个就查处一个，绝不手软！至今，格力公司总裁令中还赫然写着：“行贿、受贿者一律辞退。情节严重者，交由司法机关处理！”

还有一次，一个年销售额达到 1.5 亿的大经销商来到格力电器找到董明珠要求特殊待遇，语气中透着傲慢。董明珠非但没理他，反而狠狠反击：把他开除出格力经销网。所有人都为她捏了一把汗，一个位子还没坐稳的女上司，竟然一天之内毫不犹豫地扔掉了 1.5 亿的年销售额。这恐怕是大部分人都没有魄力去做的事，但董明珠回答得很简单：“只要违反原则制度，天王老子也给我下马！”

董明珠尤其重视制度的落实。她觉得对一个企业、社会来说，制度都应该是刚性的，不能说变就变。没有制度，仅仅靠自觉是不行的，自觉只是相对而言的。制度建设若不到位，就容易让人随波逐流，让好人变坏。她强调，制度面前人人平等，这样才能执行得彻底。

2008 年，董明珠接到了一个老朋友的电话，对方希望重返格力公司。此人先前曾经在格力供职，发明众多，后来被竞争对手以高价挖走。董明珠想也没想就强硬地拒绝了。在她的影响和带领下，格力电器有一条不成文的规定，那就是如果从格力离开，就永远不要想着再被公司接纳，即使是从同行其他企业出来的，无论多能干，原则上也不收留。董明珠说：“不是别人不优秀，但如果仅靠别人培养人才，本身就是一个贪婪的行为！”

董明珠不仅“严”在制度和原则上，还“严”在经营的不断创新上。

一般来说，空调在 9 月到来年 3 月是淡季，4 月到 8 月是旺季。淡旺季的价格不同，淡季比旺季要低 2 个万分点。到了淡季，一般的厂家都会挖空心思把旺季从 4 月提前到 3 月，以获得更大的利润。但董明珠却发明了"淡季返利"。她把淡季时间推迟到 4 月，依据经销商淡季投入资金数量，给予相应利益返还，即把"钱 - 货"关系变成"钱 - 利"的关系。这样既解决了制造商淡季生产资金短缺问题，又缓解了旺季供货压力。1996 年，格力靠淡季返利拿回了 15 亿元回款，格力销售额第一次超过了春兰。1997 年，格力又拿出 2.5 亿元返还给经销商。董明珠认为，只有经销格力的产品赚钱，才能保证长治久安。她不仅将紧俏空调品种平均分配，避免大经销商垄断货源，扰乱市场，还推出了空调机身份证，使每台空调都在营销部备案。格力到手的钱都不要，让众多经销商纷纷划款给格力，抢买格力产品。等其他厂家回过神来，早已经晚了，所以有人长叹："董明珠也真狠！这么多年，我们从没有想过这一招！"

一系列毫不妥协的斗争，让董明珠的对手们"回馈"给她一句话："这个女人走过的路，都长不出草来！"很显然，这至少不是一句充满溢美之词的话。竞争对手们认为，董明珠这个女人一根筋，她走过的道路上，草都无法长出来。

对此，董明珠微笑着回应："我走过的路，不是不长草，而是不长杂草。只有不长杂草，才能长出好庄稼！"

其实，虽然作为格力电器的总裁，董明珠如今的工资每年也只有 500 多万元。去掉税金后，拿到手的只有 200 多万元。她个人所占的公司股份还不到 1%。工作几十年来，她几乎没休过年假，把所有的时间都扑在了工作上。她如痴如醉地沉迷于工作之中，几乎忘记了一个女人的家庭属性和社会认知。这种勤奋是令许多人望而却步、无法企及的！

格力是国有控股企业，她只是经营者，并非老板。她完全可以多考虑一下个人的利益，但她没有！也许有人会觉得，她这么做的意义何在？是不是很傻？其实，这就是一个人的价值观问题。人，一定要追求人生价值，不能只考虑眼前利益，不能只为钱而活。许多人谈论起一个人的成功时会说，那个人具备多少身价。但是对董明珠而言，她更荣幸自己能培养出千千万万的富翁，得到社会对她的认可和尊重，这才是她所要追求的，而不仅仅是金钱。

正如董明珠所说的那样："我的工作动力是我伤不起。我比较好胜，政府信得过我，把我放在这个位置上，我必须以最大的热情和干劲把它做好。一是自己有成功感，二是不给上面丢脸，三对员工有交代。"

我们可以把她各种分外的"严"跟她大公无私的"奉献精神"联系在一起，那就是，她心系公司、社会，她要带领公司强大起来，让每个人更加愉悦地生活。这种奉献精神才是她所追求的目标。恰恰是这个，并不是人人都可以做到的！董明珠最初不被人所理解的这种"严"，大概就在于此吧。

这个企业，谁都不能破坏

人活着，究竟什么才是最重要的？儒家说，人生应该有追求，即“三不朽”。所谓“三不朽”，意为“立功立德立言”。简单地说，就是人在社会上努力奋斗而留下可供后人怀念的痕迹。

无论是“立德”还是“立言”，董明珠说她都不敢奢望，但“立功”她可以努力做到。那就是为公司鞠躬尽瘁，把公司的利益看得高于一切。

这是董明珠的人生追求。20多年来，从迈入格力电器的第一天起，她的确是这么做的，也的确做到了！

董明珠说，她活着就是为了证明自己的价值，为社会做一点有意义的事业。她不为名、不为利、不为钱。对她来说，当初来到珠海格力电器，只是想把自己的工作干好，她从未想过要在这个领域“声名鹊起”，但是她努力做好销售的同时，名气也越来越响。如果为利、为钱，那她更可以利用手中的权力为自己谋私利，她不会把自己的亲哥哥拒之门外，也不会因此受到全家人的埋怨，令兄妹二人心存芥蒂，更不会把许多人一辈子梦寐以求的高年薪坚决地拒之门外。

有这样一种崇高品德和胸怀的人，她注定能干出一番大的事业，因为没什么可以阻挠她前进。对公司，她辛勤地付出，她的忠诚受到朱江洪的欣赏，开启了他们之间精益求精的合作。因为一个忠诚于自己的企业，把企业利益看得高过一切的人，她的境界是超乎常人的，是一种洒脱跟超然。而有这样人生态度的人，她所创造出来的企业，又怎么可能不会留下好的口碑呢？

良好的口碑会有益于企业的发展。格力电器从最初一个默默无闻的小公司，到如今的世界500强企业，它一步步壮大，的确是靠着良好的口碑。而缔造这个良好口碑的引路人，就是董明珠和朱江洪。

格力内部开会时有一个很特别的现象，那就是董明珠只谈缺点，不谈优点；只讲问题，不讲成绩。她认为表扬员工，只是过去的事，而过去的事情都已经过去了，重要的是将来怎么样。作为一个企业，要谋求更大的发展，就必须做到每天否定一些昨天的东西，做到不断地推翻自己，才会有进步和创新。

“别人可能都喜欢遮丑，而我则喜欢揭疮疤。”董明珠这么说。从她的话里，你能明确地感受到，这是一个有理想、有抱负、有气度、对自己要求甚为严格的人。她对自己如此，对员工也是如此。

但是，坚持“企业利益高于一切”又谈何容易？董明珠要坚持这一原则，必定会为此付出许多代价。

她在困难重重的状态下坚持自我，这需要多么大的魄力跟勇气。而这一切力量来源于她做任何事，都是把企业利益放在第一位。

发展初期，格力的销售人员在提成制的激励下，把产品源源不断地打入市场，进而获得了高额回报。这让一部分销售人员产生了错觉，以为没有他们，再好的产品也卖不出去。那些养尊处优、唯利是图、个人欲望极度膨胀的销售员，董明珠必定会跟他们较量一番。

众所周知安徽市场是董明珠辛苦打下来的，但是当时的南京市场还没有打开，格力空调在南京的销量极其不好，她要打开南京市场，既辛苦，又冒险。但为了公司的利益，她毅然把打拼好的安徽市场交了出去，义不容辞地开发南京市场。

有人说董明珠傻，把自己的工作成果让给别人。但董明珠不这么想，她觉得从局部考虑，江苏比较富裕，市场潜力比安徽要大得多；从全局、从整个公司的前景考虑，格力若想在全国打响品牌，白白放弃江苏市场太可惜了。

《塞翁失马》告诉我们，福祸相依，祸不见得是祸，福也不见得是福，关键是要看你从哪一个角度考虑问题，并且是否用发展的眼光去看。假如董明珠跟许多人考虑的一样，那么今天她可能还是一个业务员。

格力空调经过董明珠的努力，在南京迅速打出了名气。公司里有个苏南地区的业务员看到了机会，就悄悄跑回省会开了个店，将产品倒流回省会卖，且先发货后付款，按公司供应价加3个百分点。

最后因为客户需求太多，这位业务员供不应求，经销商找来找去，把电话打到了董明珠那里，这位业务员的“聪明”行为才最终暴露。

同时，董明珠核查该员工的相关票据后发现居然有几百万的货发出去账对不上。董明珠抓到证据后，狠狠地罚了他，并对其进行通报批评，降薪留职。

那个苏南地区的业务员笨吗？不，他很聪明。如果他把自己的聪明才智用到企业上，而不是为个人谋利上，也许将来他会像董明珠一样，在公司有更大的发展空间，说不定格力空调的总裁还会是他。但是，他只考虑自己的利益，破坏了企业的利益，更别提为企业、社会创造价值了。

人跟人之间的能力差距其实并不大，即使有，只要通过勤奋努力，还是可以缩小的。如果思想境界跟不上，那就很难成就大事。董明珠说：“一个思想境界不高的人，他的业务能力越强，对公司的破坏性也就越大。”

这种想尽办法把公司的钱往自己腰包里塞的人，董明珠是绝对不可能对他们熟视无睹的。她会跟这种人斗争到底，而且绝不手软。既然她做的是对企业有利的事，把公司利益看得高过一切，那么她肯定会义无反顾，不会觉得愧对这里任何一个人，也不会被这些贪婪的人所吓倒。她只会更加坚定地与他们斗争。

董明珠决定重新选择广告商。得知这个消息后，每天都有一二十家广告商前来找她。有的明目张胆，一上来就说：“只要你跟我们合作，什么条件都可以满足。”

董明珠觉得特别搞笑，这些人太不了解她了！即使真的需要钱，她赚钱的能力也比这种回扣来得多。对这些喜欢动歪脑筋的广告商，董明珠一律拒之门外。

刚开始时，也有经销商想讨好董明珠，要点政策或拖延一下货款，打着各自算盘来找她，还有人想方设法送钱送物给她。但她对此不是婉拒，就是当面叫财务人员把这些财物拿走，决不会纵容。

她掌管着市场销售，直接面对全国成百上千个经销商，以及各种销售政策的制定和执行，每天数十亿的货款往来都从她手中过，如果她的心灵天平稍微倾斜一下，大把大把的“好处”会蜂拥而至。但是，在这一点上，她让经销商们失望了。

她说：“你们不要来对付我了，全心全意去对付市场吧。这样格力的销售才能真正做好。”

后来，那些经销商们个个都很佩服她，打心底里信任她，她制定的销售政策都能彻底执行。

因为厂、商一条心，格力的市场才能红红火火。

在董明珠看来，一个领导，只有无私大度，态度坚决，才能成为好标杆、好榜样。如果站在领导的位置上，只考虑自己的地位，只关心自己的利益，只考虑各种人际关系，那当他们维护一小部分人的利益时，就注定会伤害大部分人的利益。“一盎司的忠诚，抵得上一磅重的聪明”，董明珠无疑是个对公司无比忠诚的人，她眼里是揉不得沙子的。

李嘉诚曾经说过：“忠诚就犹如大厦的支柱，尤其是高级行政人员，忠诚才是通向荣誉之路。”董明珠用实际行动验证了这句话，所以她从一个普通的销售员，坐到了今日格力总裁兼董事长的位置。

有一位记者曾采访过董明珠：“如果我把你和格力这一路走来描述成一段爱情故事的话，你觉得这样的描述正确吗？”

董明珠回答：“我觉得无所谓。你们怎么描述都是你们的眼光。但对我来讲，在这个企业，对这个企业就有一种爱，我要尽职尽力，这个企业谁都不能破坏它，任何一个人，只要伤害企业利益，我就绝不会手软！”

她曾说，那些能够做得很好的企业是因为员工个个都认为，只有“大家”发展好了，“小家”才会跟着一起幸福。

从这种对待企业的精神来看，董明珠其实又是一个忠诚而敦厚的人。

陶华碧：我不坚强，就没得饭吃

要说成功的原因，是我以前太苦了。
——陶华碧——

改变，是现实逼出来的一股劲

在世人的眼中，“老干妈”陶华碧或许是一个传奇人物，因为她虽然只是一个没有文化的妇人，但却独掌亿万资产的“辣酱王国”，这不仅令人称奇，更令人称赞。但也许，这并不是传奇，这只是一个又一个忙碌的脚步踩出来的“通天大道”，一滴又一滴汗水凝结成的“滚滚汪洋”。

有句话说：“不经历风雨，怎能见彩虹，没有人能随随便便成功。”陶华碧的成功自然也不可能是随随便便得来的。她曾经是一个普普通通的农家姑娘，没有什么大的梦想，对她来说，能吃饱穿暖已经是非常满足了。

1947 年，陶华碧出生在贵州省湄潭县永兴镇的一个农场里。家中共有姊妹 8 个，她是最小的，父母曾为她取小名“春梅”。姊妹众多使得并不富裕的家境难以为继，为此她小小年纪就不得不劳动。为了减轻家庭的重担，她没读过书，自然也不识字，至今也只会写自己的名字而已。

她的出生地贵州，那是一个山清水秀、人杰地灵的好地方。

正是这里的山水养育了陶华碧一颗真诚炽热的心，也磨砺出了她坚毅而温和的性格。

幼年时，因家境所限，温饱尚且令父母发愁，他们更不可能有余钱供养她上学来寻求更加美好的前途了。

正所谓“穷人的孩子早当家”，陶华碧自幼便明白这个道理，所以她从未苛责过父母没有给她读书的机会。

陶华碧出生时，贵州还未全面解放，之后的几年，全家才慢慢过上相对安定的生活。在那样的饥荒岁月里，她常常挖野菜充饥，但长年累月的常规吃法，让她渐渐萌生了改良口感的想法。于是，她大胆地钻研用普通的野菜做成最惊艳的美味。

陶华碧的童年可以说是简单而纯粹的，那时候最快乐的事情就是做美食，用简单的食材，经过自己的加工，做成独具风味的美食。那时候的生活并不富裕，陶华碧几乎从未穿过新衣，总是姐姐们穿不了的又传给她穿，但她也没有怨言，因为生活的窘境不允许她挑三拣四，当然她自己也明白，温饱才是当下最应解决的问题。

一年到头，也只有过年的时候，全家才能吃上一顿肉。这样的生活年复一年，但陶华碧对生活的热情并没有因家境的贫寒而冷却，年纪尚小的她，不知是个性使然还是天资聪颖，在大山里发现了一种非常特殊的植物，这种植物同时也是一味中药材，她用这种中药材和自家种植的辣椒一起，酿制出了一种风味极为独特的辣椒酱。酿造的过程并没有遵守任何既定的模式，纯粹是按自己的理解和想法。当她用自制的辣椒酱拌饭并拿给全家人试吃的时候，大家都对她的手艺赞不绝口。

对于含着金汤匙出生，整日鱼肉佐餐的富家子弟来说，陶华碧童年生活的艰辛是难以想象的。然而贫苦的生活并没有让陶华碧感到厌倦，反而激发了她对美好生活的热切期盼。

平凡的生活也许有时候会让人失去信心和希望，但陶华碧却没有，她渴望改变，更渴望能够跳脱出当时的生活状态。

时光辗转流逝，那一年陶华碧 20 岁了，她遇到了生命的另一半，并嫁给了他，他是地质队的一名会计。陶华碧非常满意这门亲事，至少，她嫁给了一个知识分子。婚后，她随丈夫住到了地质工程队所在地——贵阳市龙洞堡。

婚姻生活对 20 岁的陶华碧来说，是憧憬也是希望。丈夫和家庭给她带来了许多新鲜的东西，比如知识、新的世界观。

生活开始不再一成不变，增添了一些绚烂多彩的味道。

之后她添了两个可爱的儿子，大儿子取名李贵山，小儿子取名李辉。一切看起来都是那么的美好和一帆风顺。

本以为嫁了个端铁饭碗的丈夫，曾经苦难的生活也应该就此结束了。然而，就在她享受着生活带给她的一丝甜蜜的时候，上帝却跟她开了一个玩笑，而这个玩笑差点让她失去了家庭，失去了对生活的信心。

那是婚后几年，她的丈夫突然患病，卧床不起。对于一个没有正式工作的家庭妇女来说，两个不谙世事的幼子是她最大的牵绊，而顶梁柱却突然倒下了。孩子们的衣食住行顿时没有了着落，而丈夫的病还需要继续花钱治疗。生活犹如遁入了一个无边黑暗的谷底，陶华碧的心焦急而悲痛。

望着病床上的丈夫和两个嗷嗷待哺的孩子，陶华碧明白此刻的自己是他们最大的希望，所以她要坚强，不能倒下，她的肩上还有千斤重担需要扛起。

婚姻本来带给她的是快乐，是幸福，是一种童年时期从未享受过的自由和快乐。然而，美好的光景却是短暂的，她还来不及细细体味生活的美好，就陷入了比幼年时更加令她手足无措的窘境。

那个时候，陶华碧的丈夫工资也只有 30 元钱，若是平时，供养一家人的简单生活尚可维持，但如今他卧床不起，两个孩子还需要读书吃饭，30 元钱显然无法维持全家人的生活。最绝望的时候，她甚至想过以死来挥别这令人悲伤的世界。整日以泪洗面的日子实在难过，家不成家，再也没有欢乐。但望着病床上的丈夫，她渐渐恢复了理智，日子还是要过的，她安慰丈夫说，这个家只要还有她在，就不会塌，就还有希望。

当丈夫的病情稍有好转，陶华碧就简单收拾了行装，准备去广州打工。那时候的广州是打工者的聚集地，如果可以找到工作，至少可以维持一家人的生活。

去广州打工就意味着要背井离乡，对于没有出过远门的陶华碧来说，那是一种十分孤寂的凄凉。

心里挂念孩子，挂念丈夫，她更加深切地体会到身在异乡的无可奈何。古人说："独在异乡为异客，每逢佳节倍思亲。"尤其是家人团圆的节日里，她更加思念远方的亲人，还有那个小小的家，虽然如今已是风雨飘摇，但仍是她心灵休憩的港湾。

陶华碧每次去深圳，都会带上自己亲手酿制的辣椒酱，因为在外的生活并不好过，为了节省生活费，她用辣椒酱就着馒头，就算是一顿饭。

夜深人静时，她会思前想后、坐立不安：孩子们吃得好吗？丈夫的病好些了吗？

让她担忧的事情终于还是发生了，犹如晴天霹雳一般。也许她早就知道会有这么一天，但当这天到来的时候，她仍然手足无措、悲痛难忍。

她的丈夫由于病情加重，不治而终，留给她两个嗷嗷待哺的孩子和一个几乎破碎的家。

陶华碧仿佛一夜之间老了好几岁。她宁愿丈夫卧床让她照顾，也不愿接受他已离去的事实。因为那样，至少他是亲密的爱人，是可以陪她一起创造未来的人，是在枕边说着知心话的人，可如今，丈夫离去，留给她的只是一片空荡荡的寂寥。

正所谓“生容易，活容易，生活不易”，失去了丈夫的陶华碧才深切体会到这句话的含义。两个孩子还需要她的抚育，孩子失去了父亲，不能再让他们看到一个颓废度日的母亲，于是陶华碧收起了自己的眼泪，她要做孩子们的榜样。

她不是温室中的娇花，她本就是从贫苦农家走出来的孩子，深深懂得生活的艰难不易。

现实生活的残酷，让她必须抛弃一切不切实际的想法，才能将生活的重心稳住。陶华碧料理完丈夫的后事，便再一次收拾好行装，踏上了漫长的打工之路。

她要靠自己的一双手给孩子们创造一个美好的未来，也给自己的生活一个交代。最初的那段日子，陶华碧对任何工作都不计较不挑剔，只要给钱，她都肯去做，苦和累在她眼中已经是家常便饭。

她曾经举过 8 磅锤，背过黄泥巴，背 100 斤只赚 3 角钱。可她知道怨天尤人没有用，家有幼子，她不得不收起女人的娇弱，用不输于男人的气魄坚持着。

她还拉过黄包车，不论刮风下雨，只要有客户，只要有需求，她就会出去跑活儿，完全像个男人一样，从不顾虑，一切只为了这个家庭能继续支撑下去。

那时候比她年纪大的人都叫她“老干妈”，可见生活的风雨在她的脸上刻下了多少印记。

女人都希望拥有一个温暖的家，一个能够遮风挡雨的港湾，有乖巧的孩子和体贴的丈夫。然而，那个时候的陶华碧根本没有憧憬的能力，因为能够让生活不再艰难已属不易，哪敢奢望更多自己没有的东西。

随着时间一点一滴地推移，陶华碧总算一步步地摸索出了一条生活的路，那就是摆摊。

她的“经商生涯”最初是从卖米豆腐开始的。

米豆腐是周边人们都非常喜欢的一种廉价美食。那时候她每天晚上在家做米豆腐，白天走几公里路到集市上去卖。有时候背着大大的背篓，公交司机经常不愿意让她上车。由于常年接触做米豆腐的原料石灰，直到现在，她的双手一到春天就会脱皮。

这是陶华碧事业的起步。

经历了人生的颠簸和巨大的悲伤，就像雨后常会有彩虹一样，陶华碧总算有了安身立命之所。她开始理解苦难，甚至感谢苦难的降临，因为这些教会了她生活的意义和价值。如果没有那段悲伤的过去，也许她一直是一个普通的农妇，终生沉浸在柴米油盐之中。

如今，每当回忆起过去，她总会坦然微笑，看不出一丁点儿对过去的悲伤和埋怨。

大起大落的生活经历，以及曾以为过不去的苦难，往往会成为人生的重要财富，在之后的生活中给予人们创业的勇气和勇往直前的资本。

纵观那些成功的人，他们几乎都经历过人生的低谷，或者不可言说的苦难，正是这些苦难促使他们不断地和命运抗争，最终实现了人生的价值。

正所谓，心灵鸡汤挡不住飞来横祸。“老干妈”用积极的心态和不向命运屈服的斗志，渐渐适应了苦难，并且将它征服。

小摊起家，起点低不是坏事

每个创业者在起步阶段都是相当困难的。

陶华碧在丈夫卧床不起的那几年，远走他乡打工，为了节省开支，她的三餐基本都是馒头就着辣椒酱。

和她同在一个厂里工作的还有很多工友，他们大部分人都生活得并不富裕，很多人和她一样面临着生活的窘境。工友们来自全国各地，大家聚在一起就像一家人一样。陶华碧天生热心肠，她把自己制作的辣椒酱分给大家吃。没料想，大家对麻辣酱的反响非常好，连连称赞，都夸她手艺好，制作的麻辣酱独具风味，回味无穷。陶华碧也很高兴得到大家的夸奖，但她只当这些夸奖是对她慷慨的一种感谢，并未放在心上，只是仍旧热心地做辣酱送给大家吃。

对她来说做辣酱是举手之劳，可对于这些穷困的工友们来说，那是一种可以代替菜的生活必需品，举手之劳可以为大家节省一笔生活开销，她又何乐而不为。陶华碧很能理解这些善良工友们的难处，所以就一直坚持了下去。

但这样的生活持续了不久，她的丈夫便撒手人寰了。

一家四口的生活本就相当困难，丈夫的离去更是雪上加霜，让这个家陷入了更深的窘境。陶华碧娘家的经济情况也十分不好，眼下没有什么人能依靠，她只能依靠自己的双手来让两个孩子有吃有穿。

对于一个没有文化的农家妇女来说，除了去做苦力，似乎没有什么简洁有效的途径能够让她过上相对幸福的生活，但长年累月的工厂打工生活对她来说，早已是一个可以预见的结局——只能带来日复一日年复一年的劳累和勉强糊口的经济收入。

这可不是长久之计，必须想个办法让生活获得改善才行。

陶华碧考虑了一番，认为自己最能拿得出手的手艺就是辣椒酱，如果能让自己的拿手活计成为赚钱的途径，那肯定是比去工厂打工更有诱惑力的事情，至少做起来会非常开心，于是她开始琢磨。

在贵州这个地方，很多人的早餐首选就是素米粉，陶华碧就寻思着能卖点米粉出去补贴家用。

那时候，她白天去工地上干活，晚上就熬夜做“素粉”。所谓素粉，顾名思义，就是纯素的，没有肉类下饭的，甚至连一片菜叶子都没有的米粉。可素粉配上自制的辣椒酱，就算连一片菜叶子都没有，陶华碧的小摊也总是能够顾客盈门，大家对素粉的口味连连称赞，几乎所有吃过的顾客都成了回头客。

她的小吃摊就摆在贵州省警校门口，地理位置绝佳，客源充足。很快，陶华碧的小吃摊就小有名气了。

她做的辣椒酱，辣中有香，香中带辣又辣而不燥，香辣结合，味道十分出众而特殊。很多人去她的小摊吃素粉，都是冲着那又香又辣的辣椒酱去的。

这个小地摊式的素粉摊，吸引了周边不少学生和路过的人们驻足。就是靠着这个小摊，陶华碧撑过了最艰难的时期，收入逐渐好转，终于可以让两个孩子吃饱穿暖，自己也不用再回到工地上干活了。慢慢地，她的素粉越来越有名，不仅周边的人们会来光顾她的小摊，就连离得很远的人都会慕名而来。

对于摆摊卖素粉这件事，陶华碧非常乐于提起，她认为正是这段经历，让她认准了一个道理，那就是只要靠着自己的双手，总有一天会找到出路。

对于创业者来说，很多人更在乎自己手里有多少启动资金，项目有多大市场前景，一切都要全部计划好才开始做，其实对于创业，“老干妈”陶华碧也有自己的一套理念。

首先，她认为年轻人创业要有信心，其次是勇气，最后是懂得失败的意义。

说到信心，或许很多人会认为这是最简单的一项，其实不然。信心来源于内心深处，是一种积极的拼搏精神所反映出的意识形态。

对于陶华碧来说，她的信心就来源于她对自身所拥有的技能的信任。她依靠不断研发的手工麻辣酱让大众对她所做的素粉赞不绝口，为她的生意带来了源源不断的客流。这就是陶华碧的自信。

正所谓，自信决定事业的高度，对自己有信心显得尤为重要。但也不是每个创业者都能拥有十足的信心来完成自己期望的事情。

一个人的成就，绝不会超出他自信所能达到的高度。如果拿破仑在率领军队越过阿尔卑斯山的时候，只是坐着说：“跨越这座山太困难了。”那么结果毋庸置疑，拿破仑的军队永远不会越过那座高山。所以，无论做什么事，坚定不移的自信力，都是成功所必需的和最重要的因素。

坚强的自信，便是伟大成功的源泉。不论才干大小、天资高低，成功都取决于坚定的自信力。相信能做成的事，就有成功的可能性。反之，不相信能做成的事，那就绝不会成功。

关于勇气，创业的勇气不是谁都有的，所以大部分人都宁愿一直过着朝九晚五的上班生活也不敢迈出创业的第一步，或许有人试过，但短期内没有上班所得到的薪水高，他们就会很快放弃，认为创业不适合自己。究其原因，就是没有勇气。

坚持的勇气，不怕失败的勇气是创业中最难做到的。陶华碧在摆摊卖素粉的时候，无论风吹雨打她都坚持出摊，能卖多少是多少，敢于做、愿意做以及坚持做，这就是勇气。

还有不怕失败，对于创业者来说，这也是最重要的一点，很多创业者往往输在了这一点上而导致真正的失败。

为何说是真正的失败呢？因为大部分的创业者都会面临一段时间的艰辛困难，甚至难以为继，这时候他们以为到头了，以为将要失败，事实上，这样的境况十分常见，就如同黎明前的黑暗一样，但却常常使人蒙蔽了双眼。

陶华碧在摆摊初期，也不是非常顺利。那时候她做米豆腐背到城里去卖，连公交车司机都不让她上车，但她仍旧坚持了下来。

从小摊上走来第一位顾客到渐渐生意盈门。凭着自信、勇气和不怕失败，终于有了之后的“老干妈”。

没有任何一种成功是一蹴而就的，风靡全球的“老干妈”也是从摆地摊做起的。她经历了炎热的夏天和冷酷的冬天才渐渐摸索出一条适合自己的道路，而也正是摆地摊的经历让她对小小的麻辣酱有了意外的发现。

“实惠餐厅”，正是心中所愿

陶华碧摆地摊卖素粉一段时间之后，开始思索着要有一个相对固定的摊位或者是店面，这样也方便经营，毕竟摆地摊也不是长久之计。

从最初的不去打工就会饿死到现在的想做得更好，想赚更多的钱让孩子们过上好日子，同时也改变自己穷苦的命运，这是陶华碧的改变，一个大胆而执着的改变。

她是一个没上过学的“文盲”，可就是这样一个目不识丁的农妇，却想着将生意做得更大，让自己和家人的生活彻底得到改善，这的确不是一件容易的事，但陶华碧愿意试一试。

她用自己积攒的全部积蓄在龙洞堡附近开了一个小型饭店——实惠餐厅，这也是“老干妈”公司的前身，是她真正走上创业大道的第一步。

“实惠”一词往往是消费者对商家的一种期望，也是选购商品时的一个基础标准。

“实惠餐厅”这个名字恰如陶华碧心中所想，她要做的很简单，就是实惠，这也是她做生意的根本宗旨。

1989年，在一个风和日丽的日子，实惠餐厅正式开业了。这家餐厅没有像其他店铺开张时那样大张旗鼓，没有人送花篮，也没有人放礼炮，不声不响地就算开业了。饭店是陶华碧用儿子捡回来的废砖块、废旧油毛毡和石棉瓦搭建的，简陋得只能摆下两张桌子。说是饭馆，其实只是一个围起来的摊位，餐厅的背墙就是公干院的围墙。

那时候贵阳正在修建环城公路，从前非常偏僻的龙洞堡转眼就要成为贵阳南环线的主干道，途经此地的货车司机日渐增多，他们成了“实惠餐厅”的主要客源。

司机们由于长途劳顿，不能按点吃饭，陶华碧便向他们赠送自家制作的豆豉辣酱、香辣菜等小吃和调味品，这些赠品大受欢迎。

货车司机们的口头传播显然是最佳广告形式，“龙洞堡‘老干妈’辣椒”的名号在贵阳不胫而走，很多人甚至为了尝一尝她的辣椒酱，专程从市区开车来公干院大门外的“实惠餐厅”购买。

对于这些慕名而来的客人，陶华碧都是半卖半送。

实惠餐厅的老主顾韩先生说：“陶华碧做的米豆腐价低量足，吸引了附近几所中专学校的学生常常光顾。久而久之，就有不少学生因为无钱付账，赊欠了很多饭钱。陶华碧通过了解，对凡是家境困难的学生所欠的饭钱，一律销账。我的印象是她只要碰上钱不够的学生，分量不仅没减，反而额外多些。”

陶华碧虽然自己家境也非常窘迫，但是她天生的乐善好施也为她赢得了好名声，附近的打工者和学生基本都会光顾她的饭馆。虽然餐厅十分简陋，但每天的客人都络绎不绝。

从摆小摊到拥有自己的小餐厅，这对陶华碧来说，是人生的一大步，她从需要远赴他乡打工，做苦力，到拥有自己的事业，这的确是一次令人兴奋的转变。更重要的是，这还是她的兴趣所在，实在是一件人生乐事。

这个小餐厅的经营，让陶华碧不再为自己的生活担忧，是她和孩子们可以安身立命的经济支柱。

就是这个简陋的实惠餐厅，让陶华碧离梦想又近了一步，目标也越来越清晰。

她没有读过书，可她有梦想，也有野心。自小她就深受当地创业者的影响，拥有不怕失败，只怕不走出去的精神。因为她所生长的那个地方的人们，创业的激情就同如今的义乌人一般，所以在生活极为窘迫的情况下，陶华碧第一时间想到的就是通过创业来改善生活。

在“辣不怕”的贵州，加上自己天生对辣酱的独特理解，她的小饭店主营的是凉粉和冷面。

凉粉和冷面都是贵州人爱吃的食物，大街小巷销售同类产品的店铺和小摊也不在少数。陶华碧希望自己的店铺能做得与众不同。然而，凉粉和冷面的区别并不大，要真正比别人做得好吃，还得在口味上下功夫。

于是，陶华碧想到了辣酱。她自己制作的辣酱口味独特，风味鲜明，也算独树一帜，至少在当时，她认为自己的凉粉、冷面配上自制的辣椒酱，那简直是绝配。

当然这并不是她个人的盲目自信，来店里吃过的客人大多成了长期固定的顾客，他们都夸陶华碧做的辣酱好吃，这绝对是可信而中肯的评价。由于店铺的所在地龙洞堡挨着地质工程队，所以她的顾客中有不少是工地工人和卡车司机，他们本来只求食可果腹，但到了陶华碧的店里吃过之后，他们简直把这个小店当作自己的家一般，巴不得三餐都去吃。由于陶华碧还会给客人附赠她自制的风味豆豉、风味油辣椒、豆腐乳、香辣菜等佐餐小菜，那些前来吃饭的客人都赞不绝口，争相为实惠餐厅做口碑营销，一时间实惠餐厅成了那一带相当有名的小餐馆。

客人在实惠餐厅就餐时，陶华碧会额外送上一小碟她自制的麻辣酱或者腌制的酸菜等佐餐品，很受顾客的喜爱，很多人吃完凉粉，还会把赠送的麻辣酱额外收好带走，甚至有人还会多要一些麻辣酱想带回去，陶华碧也很乐意赠送，从不厌烦客人额外的要求。

乐善好施，也是陶华碧开办实惠餐厅的初衷。

实惠餐厅的经营还算有声有色，至少她不用担心客源的问题，附近十里八乡的人们都知道陶华碧实惠餐厅的“大名”。之后的几年中，陶华碧只是对餐厅做了一些简单地修葺，并没有投入大资金去整改或者扩大，这样的生活一直持续到 1994 年。

实惠餐厅的开办，为陶华碧之后做“老干妈”麻辣酱打下了坚实的群众基础，也是“老干妈”的雏形。

实惠餐厅的“实惠”二字更是映射了陶华碧在做生意这件事情上的态度，简单明了地表达了她对顾客真诚的态度。

很多生意人往往寻求的是利益最大化，于是在实际经营中缺斤短两，甚至用一些旁门左道来蒙蔽消费者。但陶华碧不会这样做，她非常热爱自己的事业，这间小店是她的命脉所在，经营好坏直接关系到自己和孩子的生存问题，所以她用一百分的热情去做，同时实践着自己的理想。

凉粉店获灵感，抓住就不轻易放弃

实惠餐厅的经营让陶华碧收获了“第一桶金”，生活质量也有了大幅度的提高，这样的生活陶华碧觉得很满足了。

虽然同一条街上已有数家卖凉粉的饭店，但陶华碧并没想过转型或者扩大。

一天晚上小餐馆收工后，劳累的陶华碧突然感觉有些疲惫和头晕，两个儿子便劝她休息一下，暂时不要再做麻辣酱了，反正拌凉粉的佐料还有其他几种，缺少麻辣酱也影响不大。陶华碧也这么想，所以那一晚她就没有熬制麻辣酱。

第二天，实惠餐厅照常营业。像往常一样，陶华碧给顾客端来了凉粉，可顾客一看碗里没有麻辣酱，顿时就没了吃饭的兴致。更有顾客在听说“今天没有麻辣酱”的消息后，直接转身就走了。陶华碧感到十分困惑，别人家的凉粉也没有麻辣酱，生意照做，为什么自己没有麻辣酱，顾客转身就走了？难道顾客来吃凉粉只是因为喜欢她的麻辣酱，难道这个小店生意兴隆，也是因为有这种麻辣酱不成？

这件事对陶华碧的触动很大。她从没有想过，自己自制的麻辣酱对凉粉竟然如此重要，她一直以为麻辣酱只是一种能让凉粉更好吃的普通佐料而已。

她开始重视麻辣酱对于前来吃凉粉、冷面的顾客的影响力，并潜心研究起来。经过一段时间的反复试验，她做的麻辣酱风味更加独特，很多顾客都是吃完凉粉后，还会主动要求再买一点麻辣酱带回去。这让陶华碧对自己做麻辣酱的手艺十分满意。可这还不算什么，更有顾客来了不吃凉粉，而是特意买一点麻辣酱带回去吃。这种情况的出现，直接影响了她的凉粉生意，店里的凉粉常常卖不出去，反倒是一直被她作为配料的麻辣酱却供不应求。

陶华碧又开始不解了，麻辣酱在她看来仅仅是一种佐料，这些顾客过来买这么多麻辣酱回去，难道全部是自己吃吗？他们能吃得完吗？

这样的疑问在陶华碧的脑海里盘旋了很久。直到有一天，店里的麻辣酱全部卖完之后，前来吃凉粉的顾客也顿时跟着消失了，陶华碧再也坐不住了，本来就憋在心里的疑问此刻更加凸显了，她决定亲自去找出原因。

关掉店门，她走上街头，看到别人的凉粉摊照旧营业，而且生意还十分红火。陶华碧疑惑不已，明明自己做的凉粉非常可口，可为什么一个顾客都没有？她走上前去，一问才知道，原来这些店家的佐料中有麻辣酱，而且都是从她那里买来的。顿时，一股无名怒火升上陶华碧的心头。本想着用麻辣酱让自己的凉粉更具风味，让生意更红火，结果自己的乐善好施反而给他人做了嫁衣，实在是令人气愤又无奈。

从那之后，陶华碧再也不单独出售麻辣酱了，毕竟麻辣酱的制作方法是她钻研许久才得到的独门绝技。如今成果都被同行用去了，她只好又开始将大量的精力投入到研制麻辣酱新配方中去，经过一次次的调整和试吃，陶华碧终于调出了令自己非常满意的口味。

一段时间后，一些原先从她那儿买麻辣酱的餐馆老板们纷纷找上门来，都希望她能继续售卖麻辣酱，但这次她坚决不卖，她可不想重蹈覆辙。

见陶华碧不为所动，有一位面馆的老板便和她开玩笑说:“你既然能做出这么好的麻辣酱，还卖什么凉粉，干脆开家麻辣酱工厂，我们专门去你那里进货不是更好?”真是一语惊醒梦中人，陶华碧突然意识到：有这么多人爱吃我做的麻辣酱，那我还卖什么凉粉，不如专门卖麻辣酱，说不定比凉粉更抢手。

有了这个念头，陶华碧便开始行动。经过市场调研，她发现当时市场上还没有真正的麻辣酱面世，还是一片空白，前景光明。通过对市场的了解，陶华碧下定决心要做麻辣酱。

接下来，她辛苦地筹集了很多资金，并仔细考虑了地段，毅然决定舍弃自己经营了多年的实惠餐厅，并于 1996 年 7 月借用了南明区云关村委会的两间房子，招聘了 40 名工人，办起了食品加工厂，名叫贵阳南明陶氏风味食品厂，专门生产麻辣酱，并为其产品取名为“老干妈”麻辣酱。

说起“老干妈”这个名字的由来，还有一段故事呢!

当年，陶华碧还在地质队周边摆摊卖凉粉和米豆腐维持生计，邻近的贵阳红星机床厂技校的许多学生因陶华碧为人厚道、待人热情，经常光顾她的摊点，其中有一位叫欧阳梓刚的学生因家境不好，成天调皮捣蛋，经常打架斗殴，陶华碧对他印象十分深刻。因为自己也有儿子，所以陶华碧那颗母亲的心对谁都是一样，她逮着机会就对欧阳梓刚进行说服教育，希望他不要顽皮捣蛋，把心思多放在学习上，不希望他以后和自己一样因为没有文化只能做苦力活。对欧阳梓刚，陶华碧不像对待外人那般客气，反而像教育儿子一样教育他，还在生活上给予了他非常多的关心。

陶华碧在得知欧阳梓刚家境贫困，并打算辍学后，毫不犹豫地伸出援助之手，给予他资助，并劝说他打消消极的想法，积极面对生活。欧阳梓刚在陶华碧的多次教育之下，开始渐渐正视自己，并努力学习。欧阳梓刚感恩于陶华碧对他的帮助，改掉了自己一身的不良习气，并敬称她为“干妈”，技校的其他学生也都随之喊起了“干妈”，于是“老干妈”这个称谓便不胫而走，大家口耳相传之下，“老干妈”竟成了陶华碧的一个标签，连周围的许多群众也开始亲切地称陶华碧为“老干妈”了。

之后的欧阳梓刚通过自身努力，成为贵州省长顺县政协委员、县私营协会会长以及县某茶叶公司的经理。

1996 年陶华碧创办了贵阳南明“老干妈”风味食品有限责任公司，并将公司产品也定名为“老干妈”，这个名字就得益于大家对她的称呼，那是一个亲切的代号。

陶华碧研制的“老干妈”麻辣酱系列主要有风味豆豉和油泼辣子两种。起初陶华碧的凉粉摊的主要调味品就是豆豉，她自小在饮食上的钻研就证明了她的天赋，之后凉粉摊的生意红火也证明了麻辣酱的潜力，再到后来的实惠餐厅，客户不吃凉粉只为了麻辣酱而来，这让陶华碧开始意识到麻辣酱的潜力。

成立公司之后，她更加重视产品的质量，如何才能让麻辣酱更受欢迎，并且符合大多数人的口味，这是她一直在钻研的问题。

从最初的摆摊时期开始，她的凉粉就已经表现出了与众不同，这当中的功臣，无非是她自制的麻辣酱，但陶华碧并不满足于此，她对产品的质量要求随着时间推移也愈发地严苛。

那时候陶华碧为了能保持敏锐的味觉，从来都是只喝白水，这个好习惯让她在之后的几十年中都保持着相当敏锐的味觉，能够很快分辨出辣酱中的成分以及各种成分的含量高低。足见她对自身的要求也是相当严苛的。

其实，在一开始，陶华碧还没有想到自己会做公司，她只是想让自己的凉粉生意不要出现“歇业”的状况而已，所以会有意地限制麻辣酱的出售。但市场总是让人无法捉摸，很快她就发现，人们喜欢的不是她的凉粉，而是她拌凉粉的麻辣酱。于是，在创业氛围浓厚的贵州地区，她开始了她的麻辣酱的生意。

陶华碧的公司正式开业了，她正式走上了自主创业的道路。

为了响应改革开放的号召，贵州省当时就出台了针对民营企业的“五不限”法规——不限发展比例、不限发展速度、不限经营方式、不限经营规模、不限经营范围。

正是这样简单而开放的政策给了陶华碧很大的信心。

但凡创业的人，都需要对自己的创业项目拥有非常高的期望值，甚至通过一系列的 SWOT 分析等方式来判断自己的项目是否可以大赚一笔，如果没有至少八成的把握，那么大多数创业者都会选择放弃。陶华碧却没有考虑这些，她只知道自己的麻辣酱有人喜欢，而且是吃过的人都喜欢，这就是她创业的动力，她坚信只要有人喜欢，就有市场。当然，她也不是只凭着一腔热血就下定决心做麻辣酱的生意，而经过她多年来在实惠餐厅经营期间对顾客的反馈总结出来的，她相信麻辣酱会有一个美好的未来。

其实，刚创办公司时，她还是有些犹豫，一方面自己实在没有这方面的意识，本来她的实惠餐厅只依靠卖凉粉、冷面，经营上不成问题，虽然不能大富大贵，但至少自己和孩子们的生活宽裕了不少，经济上没有什么大的压力。另一方面，自己只是一个目不识丁的普通农妇，怎么可能做得了公司那些复杂的事务，要和工商、税务等部门打交道，她还是有些畏惧。好在当时出台了非常好的政策，加上身边很多人都在鼓励陶华碧，认为她的麻辣酱很有市场，所以她便下定决心拼一次。

时至今日，很多创业者可能对于这样的市场都不敢有百分之百的自信说能做好，更何况在改革开放初期，一切都是百废待兴，陶华碧的凉粉生意让她的生活已经步入了小康水平，可她就是凭借着敏锐的商业嗅觉和敢于拼搏的精神，下了决心要将麻辣酱生意做下来。

创业需要胆量，需要冒险。冒险精神是创业家精神的重要组成部分，但创业又不等同于赌博。创业家的冒险和赌博的冒进是两个概念。有句话说“性格决定命运”，很多创业者因为性格的原因被挡在了成功的门外，而陶华碧属于那种偏保守的性格，她坚信一步一个脚印，实打实地做事，才能成功。正是性格使然，她才能舍弃凉粉生意，专心致志地钻研麻辣酱的制作。

她的麻辣酱工厂刚开业时，十分简陋，只有区区 40 个人，厂房也是租借的。不懂管理的陶华碧，只能一切亲力亲为，与全部员工同吃同睡，做着同样的工作。

陶华碧没有什么资金，也没有人脉，更没有得力的人手，但她创业，就是抓住一点，要做自己熟悉的，做自己擅长的，而且做大家喜欢的。对，就是麻辣酱，对陶华碧来说，她最拿手的就是制作麻辣酱，所以她看准这个机遇，开始了真正创业的第一步。

正所谓有竞争就有压力，有压力就要思变。

陶华碧的麻辣酱厂子正式运营后，出现了一系列让她始料未及的事情。

工厂刚刚成立，方方面面都面临挑战，人手不够、资金短缺、没有专业的设备……这些问题就已经让陶华碧焦头烂额了，然而最棘手的问题却是生产出来的麻辣酱没有合适的瓶子可装。当时市场上的玻璃瓶子基本都是窄口瓶，最初“老干妈”也用了这种瓶子来装，但很快她就发现了问题——吃的时候筷子伸进去却夹不出来，这导致很多人不愿意购买“老干妈”的产品。陶华碧想麻辣酱必须要用广口瓶装才行，可那时候的广口瓶是稀罕物，陶华碧自己心里也没谱。后来她开始设想自己理想中的瓶子形状、大小和容量等，并期待将它变成现实。

带着自己的设想，陶华碧开始去找临近龙洞堡的贵阳第二玻璃制造厂（简称贵阳二玻），希望能够制造出理想中的罐装玻璃瓶。

当时的贵阳二玻是年产 1.8 万吨的大型国企，绝对看不上陶华碧那几百个“定制”玻璃瓶的单子。陶华碧人生中第一次商业谈判以失败告终，而且是惨败，因为人家对她的订单完全没兴趣。

每一个创业者在创业之初，都会遇到各种各样的瓶颈和挑战，或者是找不到投资人，或者是产品找不到销路，而陶华碧不需要投资人，也不发愁销路，她只是希望自己的麻辣酱能够通过一个合适的载体到达消费者手上。可这样的小小愿望却难以实现，因为当时她的公司实在是太小，没有配套的运营和商业谈判经验。

但是这并没有让陶华碧死心，天生的倔脾气和不到黄河心不死的性情，让她一定要坚持到底。

从此以后，陶华碧每天都去软磨硬泡，希望能够用真诚“打动”领导。只要一有空，陶华碧就会找上门去，围着贵阳二玻的生产线负责人转悠。人家看不上她那点小生意，不肯为她开设生产专线。

她对负责人说：“哪个娃儿是一生下来就一大个哦，都是慢慢长大的嘛，今天你要是不给我瓶子，我就不走了。”

她说到做到，真的是天天如此。终于，软磨硬泡了一段时间后，贵阳二玻的负责人被她这样执着的精神感动，双方达成了如下协议：玻璃厂允许陶华碧每次用提篮到厂里捡几十个瓶子拎回去用，其余免谈。

二玻厂领导松口允许陶华碧在车间自行寻找她中意的玻璃

瓶，但仍然拒绝为陶华碧开设专门的生产线。尽管如此，陶华碧仍然非常兴奋，因为她至少已经抓住了一线生机，一直以来压在她心头的重担似乎落了地。

自那以后，陶华碧经常在空闲时间挎着篮子去贵阳二玻捡瓶子，活像一个拾荒者。可对她来说，这是企业得以生存下去的一次难得的机会；对她个人来说，也是跨越第一障碍的良好开端。她在二玻厂里捡的瓶子大小形状各不相同，但大部分都是广口瓶，和现今流行的辣酱、罐头行业的玻璃瓶外观基本类似。

不死心，为她打开了另一扇窗，瓶子的问题解决之后，“老干妈”麻辣酱终于赢来了一次革命性的发展。

没过多久，陶华碧给贵阳二玻的负责人打电话说：“这一次我要一万个玻璃瓶，现款现货。”

就这样，二玻为“老干妈”辣酱开启了专门的生产线，陶华碧终于可以根据自己的喜好定制专门的辣酱玻璃瓶外形了。这次，她的“老干妈”辣酱要真正扬帆起航了。

做生意有时候是一种艺术，是一种不怕失败、不怕碰壁的艺术，同时也是一种责任感。如果不是靠着“死缠烂打”和“软磨硬泡”，陶华碧就没有瓶子，也就没有麻辣酱的今天。那种强烈的要让企业存活，要让生产线继续下去的勇气和责任感，才使得陶华碧逐渐走向了成功，也让她的麻辣酱事业得以继续下去。

说到做生意创业的诀窍，这当中有一条非常重要，那就是“不死心”。

不死心就是不轻易放弃，要适当拉下脸面，只要能做成生意，谈成订单，多一点付出，多一点坚持，也许就能看到不一样的结果，多一次尝试就多一分成功的可能。

不死心，抓住就不轻易放弃才能打开另一扇窗。

把辣椒当苹果切，苦也是乐

创业的开始总是充满辛酸和困难，这是不可避免的，面对困难，有人选择了放弃，有人选择了抱怨，但有人选择了乐观。

1996 年 7 月，“老干妈”麻辣酱正式开始生产。

当时的条件还很落后，生产线也都是纯手工操作，没有机器设备使得麻辣酱的制作变得十分麻烦，不仅制作工序烦琐，而且酿制过程也十分艰辛，尤其是捣花椒和切辣椒时，辣椒溅起的飞沫辣得人不停地流泪。这活又苦又累，工人们坚持了没多久就开始抱怨，谁都不愿干这活。陶华碧知道后就亲自动手，她手里挥着菜刀，嘴里还不停地说：“我把辣椒当成苹果切，就一点也不辣眼睛了。”

作为企业的带头人，陶华碧从来不叫苦不叫累，总是事必躬亲，带头上阵，更不会畏畏缩缩。这种积极的工作态度令员工们非常感动，备受鼓舞。于是大家纷纷拿起菜刀，和陶华碧一起干起活来，整个工作间里传出的切辣椒的声音，就像一首劳动之歌，工作似乎没那么枯燥乏味了。工作时的陶华碧从不把自己当成一个领导者，一个高高在上只需要对他人发号施令的领导者，而是把自己当成一名普通员工，亲自去工作间干活，从不搞特殊，更不会对员工呼来喝去。她处处领导着大家，又和大家一起工作，从不惜力，结果并不硬朗的身体累出了肩周炎，10 个手指甲也因长期接触麻辣酱而全部钙化了。

创业的辛苦超乎想象，并不只有做出成绩时的风光，背后的付出往往是艰辛无比的。

要有陶华碧这样的乐观心态，把辣椒当作苹果切。但是这样的苦在整个创业过程中几乎算不得什么，因为这还只是一个开始。

经过一段时间的努力，大批的麻辣酱被生产了出来。当地的凉粉店蜂拥而至，订购了不少陶华碧的“老干妈”牌麻辣酱。

但由于当地的凉粉店需求有限，销路一时受阻。麻辣酱属于有保质期的调味品，必须得想办法将大量的麻辣酱快速销售出去才行，否则滞销带来的后果也是非常严重的。这时候，陶华碧想到了用实地推销的笨方法来打开销路。

想到就去做，陶华碧独自一人背着装罐的成品麻辣酱到周边各个食品商店和单位的食堂进行推销，她说服店主和食堂主管先放几瓶麻辣酱试销，如果有人买她会再送货来，如果没有人买，就先放着，等卖出去后再结款。这种销售方式让店主们非常放心，于是都进了几瓶放在橱窗出售。

没想到这种方法竟然奏效了。不到一周时间，进了货的商店和食堂竟纷纷打来电话叫她再送加倍的货过来。

这令陶华碧非常高兴，至少手里的货都顺利销出去了，没有了后顾之忧。

“老干妈”麻辣酱很快就凭借着强劲的势头在贵阳市站住了脚跟。这时，陶华碧心想：水深水浅都试出来了，我“老干妈”还怕什么？老话不是说要“趁热打铁”吗？索性，我扩大规模，把工厂办成公司得了。

1997 年 8 月，“贵阳南明老干妈风味食品有限责任公司”正式挂牌，工人从最初的 40 人扩大到 200 多人。小工厂扩大成公司后，小打小闹地生产一些产品满足周边部分商户的需求已经不再是“老干妈”的追求，创业的激情和取得的成果让陶华碧想干出一番更大的事业。

一旦办了公司，一切就都要走上正轨，产供销等链条要全部接上，不能只凭着个人好恶来做事，必须按章程办事，财务、人事等也该一应俱全。但是没上过学的陶华碧对财务报表非常头疼，那些数据和条条框框在她眼里就像天书一般难懂。不仅如此，还有工商、税务、城管等很多对外事务都要应酬，政府有关部门还经常下达文件要她贯彻执行，陶华碧不愿假以他人之手，亲自处理各种报表信息，虽然这些对陶华碧这个大字不识几个的人来说，简直比登天还难，但她天生就不怕困难，硬是要求自己一定要闯过这些难关。

其实“老干妈”的财务报表很简单，由于陶华碧一直坚持“一手交钱，一手交货”的生意理念，所以财务报表只有比较简单的进账和出账，没有复杂的借贷关系。

通常财务报表都是财务人员念给她听。为了能够听懂财务报表，陶华碧苦练起了记忆力和心算能力。凭借着不服输的毅力，她终于练出了超出常人的记忆能力和心算能力。后来的财务报表，只要财务人员念一两遍，她基本都能记住，有问题的地方她也能及时指出来。

然而真正让她觉得无力应付的是参加政府主管部门召开的各种会议，还得上台发言。陶华碧没有读过书，所以参加这些活动对她来说简直就是赶鸭子上架！

当时，陶华碧的大儿子李贵山从部队转业到 206 地质队汽车队工作，有高中文凭的他从汽车队辞职来到母亲身边，帮助她处理公司的文件。李贵山辞职还是瞒着母亲陶华碧的，因为怕她不同意，毕竟创业的风险是很大的。但他想到母亲一人独撑一个公司非常辛苦，所以便来帮助母亲。

从此之后，读文件就成了李贵山每天的日常工作。他读，陶华碧听。经常是读着读着，陶华碧会突然站起来，用手指着文件说:“这条很重要，用笔划下来，马上去办。”

那时候的陶华碧还不会写自己的名字，只能在文件上画圈圈，当李贵山看到母亲在文件上的“签名”时，觉得这样很不安全。他在纸上写了“陶华碧”3个字，告诉母亲这就是她的名字，要学会写，以后的用处很大。陶华碧为难地摇头感叹道:“这3个字，很复杂，很复杂呀！”

虽然复杂，但陶华碧还是拿出了剁辣椒时的“气力”来练习这3个字。对于从没有上过学、拿过笔的她来说，写字这件事着实很难，但为了公司的未来，为了自己的未来，她只有拼命苦练。

为了练好这3个字，陶华碧将自己关在屋子里整整3天，终于学会了。高兴之余，她给全公司的员工加餐一顿。

凡事只要认真就有成功的可能，如果能够扛过创业之初的辛苦，就能等到梦想实现的一天。

“老干妈”就这样在陶华碧的带领下，一步步地从街头小调料走上了批量生产的康庄大道。

PART 2
不屈世俗

不必站在世界的对立面凸显个性，也不必迎合世界委曲求全，只做你认为正确的事。

董明珠：为何按常理出牌

经常我跟自己说，跟别人也这样说，我这个人就是好斗。跟天斗，跟地斗，跟人斗，但是我觉得这个人一定要打个括弧，是坏人或者是一些不良行为。如果我们不敢于去挑战，不敢于去斗的话，那我们让这些不良的行为，影响到一个正常的正能量，我觉得这是挺可怕的。

——董明珠——

叫板政府？ NO

面对政府不公现象敢于叫板，并把政府告上法庭，偌大一个国家，除了董明珠，还是董明珠。

董明珠叫板的对象是广州番禺区财政局，事件的起因是这样的：

2008 年 11 月 4 日，格力电器在广州番禺中心医院“门诊楼变频多联空调设备及其安装”采购项目中，被评委会推荐为“第一候选成交供应商”。采购方广州番禺中心医院是广州番禺区历史上最大的公建卫生项目，也是广州市重点建设工程项目。对所有空调企业来说，这个采购项目无疑是一块巨大的“肥肉”。

格力以为自己最有希望也最有实力得到这块大“肥肉”，半路却杀出来一个广东石油化工建设集团公司，结果后者以比格力高出 444 万元的报价出人意料地成为中标者。格力铩羽而归。

让我们来看看广东石油化工建设集团公司的公司简介：

国有建筑企业，主要经营化工石油、机电设备安装、管道、消防设施、市政公用、房屋建筑、装修装饰和环保工程总承揽等项目。其既不生产空调，也不销售空调。

后经媒体调查，这家公司只是一个“托儿”，它实际是代另外两家公司联合投标的，而被代理的两家公司分别是美的空调和大金空调。

明明是医院采购，按理说只要投标人是空调生产制造商或空调的销售代理商，曾经给医院供应过空调，有这方面的经验就可以了。但是，广州番禺区中心医院在招标文件上，除了要求“具备医院的供货业绩”外，还特意增加了一条：具有地铁、机场、港口、铁路或大型市政工程的供货业绩。

格力方面的代理律师认为，价高者中标，完全是暗箱操作的结果，采购人跟供应商之间严重涉嫌串标问题。

另一方面，在入围的6家供应商里，除了格力，其他5家均不生产空调，也不销售空调。那么问题来了，那么多空调企业为何明知这是块肥缺，却不积极加入竞争行列呢？难道2000多万元的标对他们没有半点吸引力吗？肯定不是的。

由此可见，格力空调只是这次招标的有关部门的一个障眼法。他们先让格力名列第一，然后找借口让其落败，之所以使出这一招，就是为了使招标事件看上去冠冕堂皇罢了！

采购方拒绝格力的借口是：格力投标书不符合技术参数。

对于这一点，董明珠非常认真地一一进行了解释，格力认为自己的投标设备完全满足招标文件星号标记的内容。然而广州番禺区中心组织原评委进行了复审，认定格力不能满足工程条件，依旧维持原来意见。

在这之前，董明珠就曾接到过一个电话，对方对她讲：“开个价码，放弃投标。”明眼人都知道这究竟是怎么回事了。但董明珠绝不会善罢甘休，她不是被人利用、摆布而能忍气吞声的人。这种不公正现象是她最为深恶痛绝的，她马上代表格力向广州市财政局提起行政复议。

令格力欣慰的是，初次广州市财政局认为“事实证据不足且有失公正”，但仅仅过了一个多月，广州市财政局二次宣判“格力投标文件不能满足招标文件要求”，最终确定为一个废标。

就在格力还在讨说法时，广州番禺中心医院已经跟广东石油化工建设集团公司签署了合作供货合同，并开展施工，硬把生米煮成了熟饭。

这次马拉松式的维权，格力前后折腾了一年多。尽管结果是可以预想的，但董明珠就是咽不下这口气，不愿轻言放弃。

2009 年 11 月 23 日，董明珠带领格力再次把广州市财政局和广州番禺区中心医院共同告上了法庭，请求法庭责令被告共同承担违法招标采购的民事责任，连带赔偿格力直接损失合计 63862.31 元。

可以想象，无论官司输赢，格力背负的压力都是巨大的。这事换作别人，早就放弃了。但董明珠却执意要讨个说法。

虽然事件最后仍以格力败诉而告终，但更多的跟格力一样的空调企业也在暗中叫好，认为格力做了一件别人想但不敢付诸行动的事，为他们日后应对招标过程中存在的人为操作现象提供了借鉴和思路。

这个带头是一件大快人心的事情，但也的确需要勇气！

对于格力来说，跟广州市财政局闹翻，大胆地举起法律武器，无论官司输赢，从深层意义上讲，格力已经是赢家了。

或许有人认为，格力有炒作的嫌疑。对于格力来说，这无疑是一个巨大的免费广告，但不可否认对社会公正的呼唤，也起到了不可代替的作用。

千万元的招标，格力只以6万多元向法庭起诉，董明珠在意的根本不是钱，而是一种精神。这种精神发生在她身上，是再正常不过的了。她骨子里拥有这种不屈服、倔强勇敢、正直拼搏、不断斗争，渴望公平斗争的灵魂，她的灵魂或许是嘲笑她的人所不能理解的，但是从她的角度看，那些嘲笑她的人似乎都是在嘲笑他们自己。

事后，曾有媒体将此事件解读为董明珠叫板政府，是叫板政府吗，当然不，她的目的很明显，只是对待不公现象，她绝不低头，她想要的只是公平的待遇。自然，这对于日后格力的采购招标行为也十分有利。

董明珠希望借此事件，呼吁更多的企业家在面临不公现象时，能够在公共话题上发出建设性的声音，推动社会观念的不断进步。

与国美、苏宁的大渠道之争

说起黄光裕与董明珠之间的较量，可谓精彩纷呈。但最后双方又于2015年3月20日放下10年恩怨再次携手，让沉寂多年的“空调大战”重新又热闹起来。

国美原是格力的销售商之一，两人分歧出现于2004年2月大地回春的季节。

一向秉承“薄利多销”原则的国美，未经格力允许，便将格力空调进行了私自降价。

而当董明珠得知这一消息后，立即下令，对国美停止供货！

在当时，国美是一家有着130多家连锁商城的全国最大的家电零售商。2004年3月9日，国美北京部随之向全国销售分支发布了“把格力清场、清库存”的决定。双方矛盾骤然升级，关系急剧恶化。

董明珠意识到这不仅是双方对产品价格控制权的争夺，还关系到双方能不能“诚信”地合作。董明珠决定自建渠道进行销售，而黄光裕则认为这很不现实。

对这一件事的看法，董明珠认为它已经超越了企业利益的局限性，她说:“国美跟格力的矛盾，并不是个人之间的矛盾，而是观念的矛盾。现在要创造和谐社会，发生矛盾时，我认为应该多考虑行为本身是不是能从自身做起，帮助实现和谐社会。格力始终把消费者利益摆在第一位，而不是今天卖一个低价，就认为我的价格最低，我是最好的。现在的商家和厂家都没有暴利，如果都亏损，企业就要倒闭，许多人将面临下岗，这不是大家所愿意看到的。企业要对自己的行为负责任，不能赚暴利，但不能不赚钱，这就是格力跟国美之间的不同观点。我希望合作的人，都能成为赢家。同时，也给大家提醒，只要每个人都用诚信对待每一件事、每一个人，那么你就可能是赢家。”

董明珠做企业的理念可见一斑：格力电器需要的不是占山为王的诸侯，而是一支满足格力电器发展战略和消费者根本利益的、共生共荣的、共同将格力打造成世界品牌的“联合舰队”。

其实，两者之间的矛盾冲突，说到底，是双方不同销售模式的较量。格力是新兴连锁销售，国美是传统代理商销售。双方经营理念不同，导致了这场博弈。

国美模式其实是靠供货商的钱，解决它的货款，然后用贷款解决现金流，用现金流解决上市，再用上市杀回供货商。

董明珠认为，如果你的产品质量好，国美不卖，别人一样卖。消费者最终会来追寻你的产品，但是很多企业没有意识到这个问题，仅仅是在交易过程中把产品推出去。为了推出去，不断地在价格上进行较量，最后就变成了偷工减料，进入一个恶性循环的经营环境中去。

退出国美后，许多人认为董明珠“不自量力”。但就在国美清场格力不久，一家大中电器与格力签下一份包销 1.8 亿元空调的年度协议，总销量在 8 万台左右。董明珠称与国美这样的企业合作很可能反而“死得快”。双方停止合作多年，一直到 2014 年才打破对立僵局重新“牵手”。

2015 年 3 月 27—29 日，格力空调在国美、永乐全国 1600 多家门店以及国美在线投放了 50 万套格力特惠空调，冲击 3 天 50 万台空调销售世界纪录。双方由此创造了两个世界纪录：国美成为世界上 3 日单一品牌空调销量最大的电器连锁店，格力跻身世界 3 日内单一电器连锁店销售量最大的空调品牌。

多年竞争对手苏宁云商股份有限公司自然不甘示弱，分别与以美的为首的 10 余家空调品牌，召开了“空袭 72 小时”的动员会议，联合行动，表示要投入百万台空调进行“地毯式轰炸”,“破格行动”的大型促销战役轰轰烈烈地打起来了。

其实，对于所有空调企业来说，渠道多元化并不是什么新鲜事儿，但这事放到董明珠身上，却是一条大新闻。2003 年之后，格力电器为了反制国美、苏宁等大渠道的霸权，一方面自建专营店渠道，目前已经在全国形成超过 4 万家专营店，另一方面对于不遵守格力经营规则的国美、苏宁等大渠道采取了不合作，甚至退场反控的做法。

2004 年，格力在退出国美卖场的同时，在一些区域市场上，也因苏宁的单边价格战而宣布撤场苏宁。

然而时过境迁，又一个空调旺季启动前夕的春天，格力与苏宁奇迹般复合，两大巨头“破冰融化，再续前缘”，又重新走到了一起，再次跌破了众人的眼镜。

据传 2016 年初苏宁云商董事长张近东曾到珠海格力电器总部拜访了董明珠，而董明珠随后也到南京回访了张近东。“两会”期间，3 月 3 日苏宁在京媒体沟通会上出现戏剧性一幕：在回答记者提问时，苏宁副董事长孙为民首次披露苏宁、格力的和解细节。“从私人角度，大家一直都是朋友。只不过在不同时期，企业与企业之间都有自己的利益问题。在发生一定冲突时，大家选择不合作或者选择合作，我认为都是正常的事情。”他说，“因为好久没联系，我估计原来的电话号码也不对，后来找了一个电话号码发过去。一开始也不好打电话，就发了个信息。没回。我跟张总说，消息源应该是比较准的。隔了一天，她给回复了，‘张总过来看看我啊’，她毕竟岁数比我们大一些，所以我们就过去了。”

孙为民够坦率，苏宁董事长张近东则顺水推舟，改口称格力电器董事长董明珠“董姐”，并向媒体表示：“我们是打了多少年交道的朋友。企业发展过程中，有自己的发展模式、发展选择，我觉得企业没有规划、没有个性，这个企业是不可能走远的。合作才是主旋律。格力是知名品牌，我们没有理由不卖。”

《中国经济周刊》记者采访董明珠，想探究是谁率先迈出合作的第一步，董明珠表示：“我 1992 年就认识张近东，算起来有 20 多年了。其实究竟苏宁与格力谁找谁的问题，没必要纠结，我与张近东性格都有些倔，但我们都是做事的人。”

关于苏宁与格力之间的对立局面，起初是这样的：

1992 年深秋，董明珠被朱江洪派到南京开辟市场。在南京，董明珠认识了日后家电连锁行业的另一巨头——苏宁张近东。但两人的第一次相识，却颇有些戏剧性。

空调旺季时，苏宁的人说：“董明珠，我给你 500 万，你马上给我发货。”但董明珠没拿这张 500 万支票，她说：“我跟‘五交化’有约在先，江苏是它来代理，我不能打破这个规矩，也不能见利忘义。”当时董明珠和“江苏五交化”已达成地区代理协议。

张近东在电话里对董明珠吼道：“你这个家伙……我给你钱你还不要。”

董明珠的原则不容触碰，她回敬他：“……你要货唯一的办法，就是到‘五交化’去取。”

两个人在此后的岁月中，多次指责对方“太强势”，并且多次上演“真刀真枪”的对抗。在 2012 年的一次访谈中，当记者提及张近东评价董明珠太强势时，董明珠当即回答：“他说我强势，其实，他才强势，他比我还强势。”

值得一提的是，2006 年 3 月格力 40 亿元空调的采购大单里，让国美、苏宁吃了闭门羹。董明珠保持一贯的销售策略：“我要定一个合理的价位，我用这价位跟你进行销售，你不销我可以到别的地方去卖。”

10 多年来，双方一直没有合作。长久以来，专卖店模式被誉为格力电器两大核心竞争力之一（另一核心竞争力是技术），但今天这一核心竞争力随着电子商务的迅速崛起而急速下降，某种程度上已经成为阻碍格力企业转型的因素。在中国家电领域，格力是电商反应最迟钝、布局最滞后的企业。数据显示，2014 年格力电商销售贡献不足 10 亿元，而其主要竞争对手同期电商销售贡献在 100 亿元以上。经历了差不多 3 年的痛苦纠结之后，格力下定决心布局电商。同时，近两年格力许下“5 年再涨 1000 亿元”的增长目标，受空调市场需求整体下行趋势的影响，格力电器开始逐步打破此前与大连锁、大电商等分销渠道的合作僵局，意在建立多元化的渠道体系布局，化解库存压力。

2014 年初，格力在自建专营店渠道之外，率先与国美打破 10 年不合作的局面。恢复了元气的国美，也盼望有实力的供应商“撑场”，双方“一拍即合”，敲定了 150 亿元的年度合作协议。2015 年，格力相继又与阿里天猫、京东达成战略合作关系。在邀请京东创始人刘强东与自己一起担当格力空调促销活动的代言人的同时，董明珠又亲自出镜给天猫电器城格力旗舰店代言。董明珠还利用自身的社会影响力，直接与刘强东、马云对接，为双方合作的快速推进打下基础。这也是格力首次规模化全面“触网”销售。

继国美、京东、阿里之后，苏宁无疑是最后一个渠道分销能力的合作者。过去多年，苏宁在中国空调产业的渠道分销能力也是无人能及。目前苏宁拥有的不只是线上线下的分销网络，更为重要的是还拥有覆盖三四级市场的批发渠道网络。反观大家电，一直是苏宁与京东、阿里竞争中占据优势的板块，若与格力合作成为现实，无异于进一步巩固了苏宁在这一方面的强势地位，至少也能将过去因格力而造成的品牌缺失，弥补到和几家竞争对手同一起跑线上。

时代在不断发展变化，对于所有空调行业的企业来说，渠道多元化已是必走之路。格力与国美、苏宁实现“破冰之旅”，一方面格力空调的出货量会因渠道的增多而出现一定的增长，另一方面不同渠道之间的较量和冲突和矛盾也将进一步出现，特别是苏宁、京东、阿里这些渠道之间该如何协同，避免恶性竞争。

2014 年之前的格力，堪称中国家电行业销售渠道最为单一的企业，专卖店对销售收入的贡献在 95% 以上，其他渠道的销售贡献几乎可以忽略不计。格力对专卖店有着至高无上的管控权，直接带来了销售管理成本行业最低，而那些倚重大连锁的企业就不一样了，营销费用通常在 25% 以上，对大连锁渠道依赖程度越高，企业盈利能力就越薄弱。所以，家电企业对大连锁既爱又恨，爱的是其出货能力强，恨的是营销管理成本居高不下。过去 10 年间，格力几乎没有这方面的烦恼，根本原因在于格力拒绝与大连锁合作。

如今，格力渠道越来越多元化，未来专卖店渠道对企业的营收贡献将逐步下降至 70%、60%、50%。那么，如何保证格力过去 10 多年推动自身快速发展的专营店利益呢？随着格力对大连锁及电子商务依赖度逐步加深，格力电器还能继续保持较高的毛利率吗？为什么董明珠不顾经销商反对，坚决跟国美、京东、苏宁开展全面合作？

除了空调行业进入“饱和期”外，业内人士认为，自 2014 年起空调市场已经难有增量，未来主流企业的增长主要靠从竞争对手那里分抢，也就是我们常说的“切蛋糕”。

而电商时代的到来，对专卖店生存的威胁同样很大。过去，专卖店只需跟大卖场竞争，现在不仅要跟大卖场竞争，还要跟电商竞争。多了一个对手，少了一份生存空间。随着原材料价格不断下降，专卖店之间的竞争也将更加激烈，将来可能会淘汰一批专卖店。

同时还有一个令人意想不到的原因。2014年始，中国进入“全民大炒股”时代，卖房子、贷款炒股并不鲜见。许多空调经销商经营不利，就把钱转投向股市，幻想从股市大赚一把。然而多数人被套，资金无法抽出，反过来影响了主业经营，要么被库存套牢，要么被股市套牢，2014年以来空调经销商可谓是腹背受敌。

最后，整个国内市场疲软，空调业大规模“压货销售”模式的竞争力正在削弱。要适应产品多元化、渠道多元化，整个中国空调业都在谋求“破局”。

几乎所有的公司都注意到，新一轮科技革命潜在巨大机遇，新科技和传统企业的结合，不仅可帮助传统企业提升效率，还可能带来更多商业模式的改变。不过，即使是大公司也无法独自面对全部挑战，独享全部收益，需要合作和共赢。

格力是区域公司专卖店模式，苏宁走的是大连锁，从渠道策略来讲，实际上是有些冲突的。走到今天再来看这个冲突，就是新渠道的问题。不是专卖店、大连锁模式冲突，而是线上线下、多地区、多渠道模式共存。经过这个过程，双方自然就可以把过去冲突的东西看淡了。过去的是非恩怨在资本的力量以及市场发展的洪流下变得渺小且不堪一击，也就实属正常了。

格力与苏宁“重修旧好”，实际上意味着空调业“冷战”思维的结束。新时代，厂、商之间应该携手满足用户的需求，提升产品和服务体验，提高产业链的效率，向效率要利润。

10亿赌约的背后：小米模式VS格力模式

2013年12月12日晚，中国经济年度人物评选获奖名单揭晓，格力电器董事长兼总裁董明珠获奖，一同获奖的还有小米公司董事长兼首席执行官雷军。在主持人陈伟鸿的精彩主持下、在“说好的1亿元赌局呢”的两位大佬马云、王健林的帮衬下，“柔中强”雷军与“铁娘子”董明珠，当着全国人民的面儿又下了一枚赌注：赌小米未来5年之内销售额能不能超过格力电器。

雷军首先发起挑战，他说如果小米的营业额击败格力电器的话，董明珠就输他一块钱。

而霸气的董明珠则说，小米想超过格力，根本不可能，要赌不是一块，她跟他赌10个亿。

对此二人的赌注，在场的马云和王健林均表示不敢担保，但马云说：“如果小米23年以后，还能够拿这张图，那才叫本事。”

非叫马云选择其一，他就选择董明珠的格力电器。马云认为，没有传统的制造业，也没有传统企业和非传统企业，只有传统的思想。所以，一个企业，要看的是企业家的精神，互联网创业的思想。小米这两年的进步确实非常了不起，像新经济企业，成长快是必须的，但做得久才是最艰难的。3年小米这样，13年小米这样，23年小米还这样，那才是真正了不起的。企业在高速发展当中，如何活得更长，活得更好，才是要思考的根本问题。而且数字经济、虚拟经济，没有实体经济强大的支撑是没有办法走出来的。所有的数字都是因为实体，只有实体成长了，数字才会好看，这些数字才是扎实的。

其实这个赌约的背后，董明珠跟雷军所要争夺的，已经不止是个人的胜负，而是整个中国乃至世界经济模式未来的走向以及路线之争。

格力与小米，代表的正是全球产业经济的两极。

被投资机构视作“中国最健康上市公司”的格力电器，是典型的实业巨头：研究核心科技，自己制造产品，以性能和质量赢取用户。

小米则是互联网时代基因颠覆消费电子的“轻公司”代表：零工厂、零员工、零门店，只做产品研发和用户服务，整合上下游创造高增长。

两家公司一个是重，一个是轻；一个是实，一个是虚；如同太极的阴阳鱼，也如同华山的“剑气二宗”，代表了两个路线、两杆旗、两盏灯。

可以说，格力与小米的赌注，本质上就是一次传统产业与互联网经济的“世纪冲撞”。

格力与小米的10亿赌局，虽然在商业江湖里已然传得沸沸扬扬，然而高手对着镜头过招，看官看戏是品味儿，对剧情认真你就输了。马云跟王健林的1亿元赌约，仅仅一年时间就作罢，阿里就入股海尔电器。2015年底，万达上市前夕，格力悄然成为万达的基石投资者，在格力一个光伏中央空调的央视广告中，王健林友情襄助和董明珠一起上镜。而小米与美的也实现了战略合作。

就格力与小米的发展模式而言，董明珠代表的是实体和实业，而雷军代表的是营销，二者之间有诸多不同。

首先，在当时从工厂的数量来看，小米是0，格力是9；员工数量，小米是0，格力是7万以上；专卖店小米是0，格力是

3万以上。从2014年销售额来看，小米税前年收入700亿，格力税后年收入是1400亿。格力已经有23年历史，小米刚刚起步。

雷军认为，小米的盈利模式最最重要的就是轻资产，它没有工厂，所以它可以用世界上最好的工厂；它没有渠道，没有零售商，所以它可以采用互联网电商直销模式。没有渠道成本，没有店面成本，没有销售成本，效率更高；因为没有工厂，没有零售店，他可以把注意力全部放到产品研发和用户服务上。小米有4000名员工，2500人在做跟用户沟通的事情，1400人在做研发。小米的优势就在于，它跟用户群贴近，极其强调用户体验和口碑；它是轻模式，所以成长速度快。

对中国企业的转型升级来说，到底谁的后劲更足？雷军表现出极大的自信心。

对此，董明珠这么说："一、我问在座的有多少人用小米手机？举手的有两三个。二、在手机里面谁是真正的老大？肯定不是小米。三、如果全世界的工厂都关掉了，你还有销售吗？"

董明珠强调，在大数据到来的时代，像格力这种制造业的企业，坚守什么，发展什么，脚踏实地去做，才是最重要的。提到消费群体，小米谈价格竞争，但格力电器从来不靠价格，靠的是技术。格力有十分优秀的服务和几万家专卖店，如果再跟马云合作，那天下不就都是格力的了吗？小米没有支撑它的东西，没有更好的工厂打造出更好的产品做好服务，而格力的产品根本不要售后服务，谁不买呢？小米的电视坏了，拿来修，我赚你维修费，格力是6年免费服务，小米敢做吗？小米只抓营销，即使用上世界最好的工厂，那也不是它的，而格力是中国制造、中国创造。

说到对方的短板，雷军说："格力作为传统的品牌企业，它所面临的是要经过层层渠道及专卖店，跟用户的距离很大；通过很长的渠道以后，库存全部在路上，这样的话有极大的风险，极有可能造成大问题；董明珠做的事情太多了，这么多事情使她不能真正专心在她擅长的事情上。”

董明珠则说：“雷军身上最大的问题是没有共赢的思想，把所有的风险都转嫁给别人，如果卖不掉，就变成库存，或者甚至什么什么问题，他只抓销售，卖掉的是我的，卖不掉的就是别人的，他的真正危机就在这里。”

从 2013 年起，格力与小米之间展开的唇枪舌剑就一直没有熄火，反而越来越热闹。二人均不示弱，或当面较量，或隔空喊话，你来我往，好不热闹。雷军微信公众号上称：“从辩论技巧看，马云和董明珠非常出色。我是工程师出身，可无论如何比不过这位销售出身的大牛，论口才和控场能力，简直是弱爆了‘知耻而后勇’，我下了决心，明年开始做产品之余要苦练口才。”

2014 年董明珠说：“不可能跟小米合作，因为小米不是互联网，它只是在互联网平台上销售产品，如果要合作，会跟马云合作”；“我最担心的就是雷军输了，他拿不出 10 亿，如果他拿出 10 亿，我就将这 10 亿全部捐给北师大，支持教育事业”；“我从不犯错，雷军赢不了我，雷军要明白一点，最终决定输赢的还是技术和产品，你手机、电视卖得再多，但质量、售后跟得上吗？你面对消费者，对消费者的忠诚是不可缺失的，你本身不是行业的老大，如果有一天，你超过了苹果、华为、微软，那才叫真正的超过，而那是实力的超过。你跟我比，我们不是一个产业，根本没有可比性。但我也可以告诉你，你永远不可能超过我！因为在这个行业里，我已经是最早的了。而我认为，模仿者永远不可能成为领军人。有一点我可以跟你赌，我们格力有 1.4 万项专利，你小米有多少？这点我赢了。”

2013 年的 10 亿赌局后，格力开始生产手机。因为一句玩笑话，做事格外认真又不服输的董明珠选择正式进入手机行业，恐怕也只有董明珠能做出这样的事情。虽说手机业对传统制造业的格力来说还有些陌生，但我们也欣喜地看到，格力手机二代马上面世。

有人劝董明珠抛弃手机，专注做空调，格力空调才会重新进入增长的轨道。同时，面对诸如海尔、美的等知名传统企业纷纷加速互联网转型，在线上销售额获得快速增长，董明珠谈了自己的看法："如果实体经济不行，那一定是因为你自己无能。互联网对我们来说，只有提高效率的作用。"

其实，这种互相较量，从某种意义上来讲透露着一个现实问题：人人都知道电子商务的时代已经来临，它会不会替代传统制造业？董明珠不认可这样的说法："互联网能造空调吗？互联网永远都只是工具，不能替代实体经济。"但她也清楚电子商务的重要性，认为如何成功转型才是关键。既要平衡门店的生存，又要借助电子商务的平台发展，这种内部竞争、自己消灭自己的过程必然是痛苦的。但是，董明珠毕竟不是一个顽固守旧的人，她的很多思路跟观点具有一以贯之的特征，她的电商思维也在悄然发生变化。

"很少会看到董明珠说过的话，发生变化，均落实在行动上"，熟悉董明珠的人都知道她的个性，只是她的观点和想法更多的是深思熟虑的结果，极具延续性、行动性。

就在董明珠明确发出信号时，马云就站在她旁边，而且站到了她那一边，足见电商界大佬与"铁娘子"之间已经形成某种默契和共识。

时移则势异，势异则情变，情变则法不同。面对电商大佬马云的邀约，不顽固守旧的董明珠并未拒绝。行棋天下而不悔是董明珠的做事风格，她对格力大踏步规模扩张的执着可见一斑。决策中的自信，兼听则明，偏信则暗，同时又具有广而纳之的大度，她领导下的格力电器一定会在未来瞬息万变的时代一如既往地策马扬鞭。

从拒不降价到率先降价

2014年国庆，格力电器宣布20年来首次大规模降价。美的、奥克斯等纷纷“应战”。同时，格力首次参与电商天猫的“双11”活动。对于格力一改常态的做法，不少人表示惊讶，有人指责董明珠搞价格战，也有人伺机通过家电协会来找格力。对此董明珠回应：“你管我干啥？我在家电行业是利润最高的，难道你说我打价格战吗？就是这样打，格力还是行业利润最高。”

董明珠表示，即使是打价格战，她也会考虑两个原则：一是无论价格发生怎样的变化，经销商利润不会变化；二是这不是个封闭的时代，而是互联网的时代，“鲍鱼时代”已经不复存在。当一个企业的规模和效益发生了变化，成果就应该和市场分享。让消费者一起去分享效益，有什么不好呢？

实际上，2011年格力人均产值99万，到2014年已经达到180万，格力的生产成本是下降的。由此，董明珠希望让国家、股民、员工三者分享这个利益，同时她也希望让消费者一起分享。这就是格力国庆节期间搞活动的原因。

国庆以后，格力空调也没有在价格上回调，意味着格力希望更多的人从国庆节开始分享这种好处。董明珠指出，价格战只存在两种情况，一种完全是冲击或消化自己的库存，那叫恶性竞争。但格力不同，格力是在释放，是给消费者带来利益上的共享，那就不应该被叫作价格战。如果格力亏损了，还继续降价，那才叫作价格战。2014年格力第三季度的利益是9.8%。

董明珠认为，仅仅依赖别人的技术来做自己的产品，甚至依附于别人，只是在赚一个苦命钱。格力开展以旧换新活动，对于国家、消费者、中国乃至全世界重新定位品牌都是有帮助的。她透露，对 2005 年以前的空调全部实行淘汰，这次活动拿出大概 50 亿元以上。

格力非常重诚信。除此之外，格力内部的管理是一张纸一杯水的管理，非常苛刻。过去物料损耗千分之 0.13。并且格力根本不需要售后服务，在生活电器方面，格力生产出来了 6 年不发生故障的产品，此后国家出台了 8 年必须更新换代的政策，格力承诺消费者在用的过程中，在使用年限内，所有问题均由企业承担，这使行业进入一个良性的状态。眼下，格力已经在内部推行生活电器 6 年内不要服务的售后体系。

有记者问，格力降价幅度很大，会不会继续促销下去？董明珠说："当然会继续。因为我觉得一个企业发展到一定程度，暴利的时代没有了。通过你的管理模式的提升，降低了成本，有一部分利润要回归股民，一部分要回归市场给消费者……我把该让的利润让给消费者是正常的，我一定要让消费者用一个定频的价格用变频的空调，让中国真正进入变频时代，这是我想做的事情。"

实际上，从董明珠进入格力以来，她的脑海里就没有过"价格战"、"降价销售"、"低价甩卖"的概念。当年她当上经营部长时，没多久就发现以前生产的 1.9 万套格力单冷分体机堆在库房，占用了大量资金。这些空调主要是因为款式过时，被列入淘汰产品。董明珠觉得这批货要是不卖出去，堆在库房里，实在是太可惜了，于是去找领导商量。领导很爽快，每套降价 300 元处理掉。在竞争激烈的市场上，这种方法是非常常见的，但她却不同意领导的想法。

董明珠是从销售第一线被提拔上来的，多年的营销经验告诉她，每个价位都有它需求的人群，轻易降价只会引起消费者的疑心，担心产品质量是不是出了什么问题，这样的话，产品就更不容易销售了。实践经验让董明珠积累了太多与众不同的想法和主张。

考虑到这些，董明珠坚持不降价。她不采取降价方式，却想到了一个比较灵活的变通方式——每卖掉一台奖励 50 元，但若完不成任务，每个人扣掉 100 元。

往前走是 50 元，归为己有；往后退是罚 100 元。这个决定让领导不再阻挠，却让基层的业务员叫苦连天。可是，就在天寒地冻的季节，这批空调却在“大棒加甜枣”的“威逼利诱”下全部卖光了，企业直接增创利润 500 万元。

董明珠这么做，在于她想一心一意维护公司的利益。她对格力空调有充分的信心。如果没有足够的信心，谁能在大冷天卖掉一批单冷空调？如果没有信心，董明珠就不敢开除和格力叫板的大户经销商，更不敢跟当时的零售巨头国美叫板了。

董明珠一直坚持不降价策略，是因为她觉得格力在销售上必须达成两个统一：一是公司的发展目标与经销商的发展目标一致；二是厂、商之间的利益与消费者的利益一致。厂、商之间若没有共同的发展目标，不是为了向社会提供更好的产品和服务，那么就不可能走到一起；厂、商之间若都只将自身利益视作最高利益，无视消费者利益，也无法结成营销同盟。

这个道理其实很简单：只有长期的、全局性的利益才能满足持久、长远的发展利益；只有满足消费者的根本利益，才能在市场上立于不败之地。

“我管不了那么多，我只管财务，只要现在能拿到钱，以后是以后的事，企业以后怎么样，我管不了。”在格力公司里曾经有个分管财务的副总这么对董明珠说过。

从这些话我们可以看出，有些人不知道降价会给公司的长远发展带来多少坏处，更不考虑公司的未来。他们只是明白降价能追求短期利益。其实这是一种饮鸩止渴的做法。明知道从长远来看，对企业的发展没有好处，却一如既往地同意降价的人，只能是一个极度不负责任的人。这种不负责任的人，绝不可能带领一个企业走向成功和辉煌。

曾经有员工向董明珠抱怨，同一款空调，别人已经降到比格力少 800 甚至 1000 元的价格了，消费者怎么可能再花高价钱买格力的空调呢？对此，董明珠十分了解这位业务员的心情，也理解其压力，但是她宁可失去一部分市场，也要坚持自己的原则，绝不降价。

在当时那种法律不健全、市场不成熟的经济社会条件下，能固执地坚守自己原则的人，其实是很少的。其往往在坚守自己原则的同时，就丧失掉了很多机会。但是，董明珠就是这样，坚决要对消费者、经销商、中国家电行业的健康发展负责。她尊崇“良心”和“责任感”。“坚决不降价”的背后，体现出的是她的一种智慧、一种自信，还有一份责任心。

自 2014 年国庆空调降价销售起，董明珠坦言：“我们销售额下降，比如 2014 年 600 亿元，2015 年 500 多亿元，但不影响我们的利润增长。”

同时，董明珠说：“今年下定决心，一定要清场”；“我们后面还会有活动，真正把那些烂品牌、假冒伪劣、偷工减料的品牌全部消灭掉，我们才会停止运动”。这是董明珠发起空调降价的初衷。

针对董明珠所说的“清场”，奥维咨询学院院长张彦斌向《第一财经日报》记者分析说，董明珠所说的“清场”，并不是一次、两次价格战就能“清”的。中国市场很大，美的、海尔、海信科龙、志高、奥克斯、TCL 等都有各自的渠道。价格战短期还可以，长期的话资本市场也有压力。

“2014 年空调业还可以，虽然下半年经济压力大，但全年销售、销售额还是增长的，特别是销售额，这说明空调还是有发展空间的。”张彦斌预计，2015 年格力持续打价格战，空调业的利润将降低，“大家要有过苦日子的准备”。

另一位空调业内资深分析人士认为，格力的价格手段还会延续，已经成为常态，空调业前几年是好日子，格力、美的空调价格都比较高，给其他品牌留下了生存空间，但如今业界恐慌，整个空调业都处于调整期，2015 年空调业需谨慎悲观。

面对“格力降价是为了消化库存”等种种传闻，董明珠做出解释:“没有，我们是正常‘开盘’。”空调市场不景气，新的冷冻年已经拉开序幕，这是所有空调制造业必须承认和面对的事实，当时董明珠接受记者独家专访时预计，2016 年空调会持续出现下滑趋势。不过她说，“以价取量”并不是格力对策的全部，格力 2015 年已经推出“油画空调”等新产品，在多元化方面寻求突破，智能环保家居系统、洗衣机、洗碗机等将陆续面世。而格力手机工厂的建设仍然会“稳字当头”。

2014 年，董明珠一反常态率先降价，谋划的是格力电器的整个运作，在拥有世界顶级设备的基础上，格力看到的是责任，而不是商机，生产个性化产品，也是基于自己具备这方面的能力。不断谋求新的突破，才是空调业应该提前进入的状态。

打破常规，让别人跟着我的规则

商业圈流行两种战略，用安迪·格鲁夫的话来说，就是线性和非线性。何谓线性？如果一家公司战略行动的效应只改变了自身的竞争地位，而非整个环境，该行动就是线性的；与之相反，非线性则会改变整个竞争环境，该公司和竞争对手双方都必须应付这一变化。这就如同搅一碗水与搅拌一碗奶油的区别。如果搅的是水，水会旋转起来，用的力气越大，水转得越快，但它终究是水；如果搅的是奶油，则会越来越稠，最后变成黄油。

一家公司的非线性战略行为，会使竞争环境发生变化，令竞争对手也不得不应付这一变化，从而在新的竞争秩序中取得更快速的发展。

董明珠一向大刀阔斧、敢于直言、泼辣有魄力，她从来就不是一个按照现有规则办事的人。确切地说，董明珠的营销战略处于线性和非线性之间。她部分地改变了行业的竞争环境，但主要还是改变了自身的竞争地位。

虽然目前有很多企业在学习她的销售模式，但空调行业大的环境却并没有受到大的冲击。这主要是因为在中国的大多数行业里，一旦达到了非线性战略的标准，改变了整个行业的规则，那么商家通常采取的都是降价的方式，而这恰恰不是董明珠所愿意采取的手段。

在做营销员之初，董明珠就发现了“先货后款”这种方式对厂家极为不利，许多经销商存在欠款拖延不给的情况，为了扭转这种不利于厂家的局面，她制定了新的规则，用“先款后货”的方式解决了这一问题。在她之后，格力空调再也没有商家欠款不给的情况发生。

行业规则既然是人为制定的，那么就一定会有人为破坏者。而想要制定新的行业规则，就必须首先破坏旧的行业规则。不能为了卖货而放弃自己的原则，要让别人跟着自己的原则走，这才是董明珠的原则。

破坏行业规则的人，必定是一个勇于创新的人。而能否创新，才是一个企业持续发展的动力所在。在家电行业，董明珠担任的是商界变革者的角色，她独具一格的规则，对整个行业造成了一定的冲击。

格力空调整机 6 年免费保修，拒绝与国美、苏宁等大连锁店合作，选择自建营销渠道等一系列行为，使得许多其他空调制造商纷纷模仿格力的营销模式。

但是，模仿和学习是永远不够的。一个企业想要成为新规则的制定者，就必须具备创新思维，一味地模仿，是永远无法超越对手的。

董明珠常常放言“不怕被模仿，不怕被盗专利，因为我们一直走在最前面”，她对自己有非常清醒的认识，她永远是站在规则之外的先驱者。格力一直提倡“技术创新”，她敢将大量资金投入技术研究中，在技术创新的基础上，伴随着渠道创新，这才是她自信的来源，否则再优秀的渠道也不可能让格力空调坐到行业龙头老大的位置。

仅仅建立规则也是不行的，能不能在新规则建立后，完全按照规则办事，才是能否成功的关键。假如董明珠建立了新的规则，而格力不能够按照她的规则办事，那么格力能否成为今天的世界

500强企业之一，恐怕还是个未知数。

董明珠坚持的新的规则，就是合作共赢的规则。既不让厂家吃亏，也不让经销商倒霉，双方都能得到自己想要的利益，同时又能对消费者负责，这才是她最大的希望。她的规则是建立在对社会、对身边的所有人都负责的基础上的。如果破坏了这个规则，她就不会同你合作，因为不能与她合作的人，一定是把自己的利益建立在别人的利益之上的人，他们考虑的只是自己。

坚持双赢的原则，才能得到有效的实施，否则为了自己的利益去伤害对方的利益，那就不可能有人遵守新的规则。这个理论，可以用“零和游戏”来阐明。

所谓“零和游戏”，就是在一项游戏中，游戏者有输有赢，一方所赢正是另一方所输，游戏的总成绩永远为零。在现实社会里，零和游戏广泛存在，胜利者的光芒背后往往是失败者的心酸和苦涩。

从零和游戏走向双赢，要求双方必须有诚信合作的精神和勇气，在合作中不要小聪明，不占别人的便宜，把遵守游戏规则放在第一位，像国美自主降格力空调的价格，就等于破坏了格力的规则，这种双赢的局面肯定就不可能形成，最终吃亏的也许只能是自己。

我们见到有些企业也有很多规则以及营销模式，甚至技术上也处于领先地位，但最后还是崩溃了，原因何在？就是企业领导者没能带头遵守企业的各种规章制度，不以身作则的后果是上行下效，这种情况在不少企业里是十分常见的。但在董明珠身上，却只有让人钦佩的光芒在闪烁。她全年无假日，连儿子都没时间去照顾，从不把钱放在第一位，一心扑在为公司谋利上，为了捍卫公司的利益，甚至不惜与人多次较量，彰显着她的个性和原则。

她铁面无私的性格连自己的亲哥哥都为之动怒，对手们也称她“走过的路都不长草”。她自创格力模式，最大限度地拓展了销售渠道。她通过“淡季返利”、“年终返利”等模式实现了企业利润的高速增长。她带病坚持上班，放弃高额年薪诱惑，坚持留在格力，与经销大户较量，拒不降价，绝不赊款，镇压“内乱”，处变不惊……她用自身行动证明，“没有规矩，不成方圆”。叱咤商场 20 多年，她总是能让别人跟着她的原则走，这就是她的高明之处。

作为格力电器的董事长兼总裁，她深刻地明白，如果她不能以身示范，那么属下很可能效仿她，各种层出不穷的违法乱纪行为就会蔓延生长，对公司的破坏也就可想而知。

确切地说，董明珠是规则的制定者和遵守者，她破坏了规则，但她属于建设性的破坏。

董明珠的“建设性”，都是在具体的基层实践中一步步总结出来的。她敢于摸索，才能有所创新；敢于打破常规，才能制定新规；她不怕众人嘲笑她异想天开，而是拿出破釜沉舟的勇气坚毅地朝自己的目标拼搏。董明珠身上体现出一种截然相反的女性观，你可以看到她固执而倔强，完全不强调性别差异，她从来就不展现女性柔弱的一面，也不利用女性的先天优势去做讨巧的事。她说：“如果女性的亲和力能办好事情的话，那管理者就都由女性来做了。一个女性在管理中，应该和男性管理者是没有差异的。”她还看不惯一些女性读了那么多年的书，却有“找个有钱的老公把自己嫁掉，就一生无忧了”的想法，她觉得那是没有斗志的，一个人最重要的品质是具备一种使命感，无论男女。我们做一件事没有成功的话，通常许多人就选择了放弃，但董明珠身上最鲜明的特点就是“永不放弃”。

近年来，有人总是用“好斗”、“剑拔弩张”来形容她，但她丝毫不在意。总结她的奋斗史，其实就是一部“斗争哲学”。在她看来，没有既不得罪人，又能办好事的方法。她把自己在格力的日子形容为“干了十年，斗了十年。与人斗，与市场斗，与自己斗”。

闯过大风大浪的董明珠也许是寂寞的，在寂寞中斗争，在斗争中寂寞。就好比那句话：“故天将降大任于斯人也，必先苦其心志，劳其筋骨，饿其体肤，行拂乱其所为，所以动心忍性，曾益其所不能。”董明珠是在不断历练中打破旧有规则，建立了新的规则，一次次地挑战着自己。从这个意义上讲，她是可敬可畏的。

水清也可以有鱼

如今的董明珠已经实践了自己的事业追求，也成就了一个伟大的企业。但她这一路披荆斩棘，在竞争激烈的家电市场顽强地生存下来，靠的绝不是在这个行业管理层少有的女性身份，而是她的抱负和不屈世俗的“不能输，争一口气，不喜欢求人”信念。她自言：“我和其他女人不一样，我从小就想做点事业。”

一个中年女性，抛家舍业闯荡深圳，一个不安分过稳定小日子的女性，一个性格刚烈、“不愿意靠别人，不愿意别人来对我进行可怜的施舍”的女性，她这种要强的性格是遗传，还是环境所造？也许是两者兼具吧！

“当一个女人说她的快乐只有在事业中寻找时，内心一定充满了人们难以想象的孤寂和苍凉，但我不这样认为，只有生活而没有工作，人生就没有价值。”董明珠这么说。

她初到格力，从没有想过自己要当领导。无论在哪里，她只是坚定不移地做好一件事，一门心思把工作做好。面对别人高薪挖人，公司一大堆销售员集体跳槽，她坚决与“变节者”断绝关系。可能她就是因为有这种精神，才成就了今天的自己。

在许多世俗的观点里，做销售员不就是为了多赚一点钱吗？但是对董明珠来说，业绩突出、年年都是销售状元、对事业极端忠诚、具备驾驭事物的才能，才是比金钱更重要的东西，它是一种价值观的体现。她更在意的是一种精神上的尊严。

2001 年的夏天，董明珠的儿子考取了重点大学。那一天正是全家高兴的日子，但格力电器一场区域经销商的“叛乱”，差点毁掉董明珠辛苦建立起来的营销体系，严重影响了她的好心情。

事件发生地是安徽两淮地区。该区域的高管梁某，通过拉拢相关人士，采取私自分红的方式，不按格力回款原则，私自放货给经销商，最终和格力电器总部人员上演了“全武行”，争夺财务章，怂恿不明真相的员工冲击淮南销售公司，围堵格力电器总部人员。

梁某的做法，严重损害了格力电器和经销商的利益，违反了规定，而经销商有 5000 多万的贷款在格力淮南销售公司。如果他们的阴谋得逞，将严重损害这些经销商的利益，董明珠感到深深地震撼。她说:“我最想拥有的本领，便是能够分辨好人和坏人。人是最难看清楚的。”

这件事对董明珠的触动非常大。梁某当时是董明珠亲自接触，并获得了她的信任，其全权掌握在淮地的格力大权，虽然在这个过程中，许多经销商对梁某的做法提出了抗议，但董明珠最后还是选择相信他，并认定要给他一个机会改正，结果他却拉拢其他股东侵占格力淮南销售公司和经销商的利益。

董明珠的心情可想而知有多悲愤，这件事让她在用人方面进行了深刻地反思。“看人是很难的，格力未来要发展好，必须挑好接班人，这方面我还需要继续考察他们。”她说。

格力公司人员众多，如何在众人之中找到一个像她一样不畏世俗、勇往直前、一心扑在工作上、以公司利益为首位的人呢?这其实是很难的一件事。人的本性可以通过外在的东西掩饰，那些喜欢钻牛角尖、真正与不合理较劲、一门心思为大局着想、一心扑在工作上、不求回报的人，不通过关键事件，有时候还真是看不出来。

所以董明珠强调：“格力的接班人一定要有德。这是第一位的。”因此，她对人的品质有近乎苛刻的要求。她坚信，对一个人好，就是要对他更严厉。有同事说：“别看董姐成天骂人，但是如果有一天她不骂人了，那这个同事就危险了。”

2012 年 5 月 25 日，董明珠独挑大梁，身兼格力集团董事长、集团旗下上市公司格力电器董事长及总裁三职，格力正式进入权力高度集中的“董明珠时代”。

朱江洪退休了，“朱董配”告一段落，格力空调将会怎样？朱江洪的离开，对格力的影响不小，能否将这个影响减到最小，这些都取决于掌权之后的董明珠。

2012 年 8 月 28 日下午 2 点，董明珠踩着高跟鞋，身着紧身及膝蓝色花纹改良旗袍，头发盘起，姿态婀娜却满脸刚毅。她在人群的簇拥下快步走来，女王般的气场令会场瞬时安静。

她当天的打扮赢得了在场男士的赞美，但婉约的打扮无法掩盖她好斗、强悍的性情。她的竞争对手都怕她，有同行甚至这样评价：以前觉得追上格力可能还有点希望，如今董明珠掌权，追格力彻底没希望了。

值得一提的是，在董明珠履新董事长接近 100 天的时候，格力电器正式发布了一份漂亮的上半年业绩报告，营业收入 483 亿元，同比增长 20%；净利润 28.7 亿元，同比增长 30%。2012 年第一季度，格力电器实现营业总收入 200.88 亿元，同比增长 16.29%，国内市场占有率达到 37%。格力电器完成 1000 亿元的目标。

回顾董明珠的过去：

1999 年未成立淮地格力销售公司之前，淮地 5 个空调销售大户“窜货”，严重影响了异地价格，伤害了当地一大批格力忠诚的经销商的利益，董明珠采取机智灵活的态度，应对销售公司高管的种种刁难，历时 3 个月，一一化解。

2001 年，格力公司内部出现管理弊端，部分领导腐败及待遇分配不公，导致员工联合起来罢工抗议，董明珠在这个关键时刻，临危受命，撤换了一批不合格的中高层干部，“反腐败问题”轰轰烈烈地开展起来。

同年，董明珠查账时发现很多地区出现了蹊跷的账目，有些空调库存量也对不上号。公司总部发出去货，但经销商却没有收到。她下令清理、关闭全国各地格力电器的库房，所有账务对消，业务员手里的所有欠款必须限期追回。

……

这样的事例有许多许多。

很多人跟董明珠说，不要把水搞得太清了，水至清则无鱼。但董明珠却说，只要有阳光，给水足够的养分，杜绝滋生腐败的土壤，就能做到水清有鱼。她认为，如果大家都是浑水摸鱼，那是极小部分人得利，更多创造财富的人、员工的待遇就不可能提高，企业也就没有效益。她说：“你破坏了一些人的既得利益，他肯定怨恨你。但你失去 1%，可以得到 99% 的信任。”

喜欢斗争，可以看出一个人对事情的认真程度。有的人事不关己高高挂起，只要跟自己的利益无关，通常他们就会采取睁一只眼闭一只眼的态度。而董明珠是绝不会这么做的。任何事情，只要是触犯了格力公司的利益，无论是谁，即使是自己的家人，她都会毫不留情面。讲究原则，是她与众不同之处，也是她取得成功的根本。正因为她无私而认真地对待格力电器，才造就了格力对产品质量的严谨态度，才形成了格力公司的风格制度，才使企业不断向前发展。

董明珠说：“我在格力真诚地为企业服务，赢得了广泛的尊重和关心，只是认真干工作，不可避免地要触及某些人的利益，自然会招致他们的怨恨和忌妒。爱和恨是生命对我的赐予，与他们的较量，让我更清楚地懂得了我该如何做人。”

或许，正如她自己所说的那样，只有生活而没有工作，人生就没有价值。以工作为快乐，以事业为依托，事业的成功和社会的肯定充实了个人生活。她没有孤寂，无须慰藉，有的只是加倍努力和一往无前。从这个意义上说，格力和董明珠是相互成就的。有了董明珠掌舵的格力，未来前行的方向只会更好。

做企业不只是为了利润

“好空调，格力造”是国人对格力的总体印象。格力成立于1991年，在2012年实现了营业总收入1000.84亿元，成为中国首家超过千亿的专业化家电企业。“2006年CCTV中国经济年度人物”评选结果显示，董明珠成为10位当选的企业家中仅有的两位女性企业家之一，也是中国空调行业获此殊荣的第一人，被誉为“照亮中国经济的杰出女性”。此年度人物评选标准为：责任、创新、影响力、推动力。和往年相比，这一次把“责任”放到了首位。何谓责任？就是对社会负责的精神。

古人云：天下熙熙，皆为利来；天下攘攘，皆为利往。对企业家来说，冒着巨大的风险投资并且经营，他们的最终期许都是盈利。很多企业家把企业经营奉为行动指南，在追求企业利益最大化的时候，却忽略了社会责任。

然而，在董明珠身上，我们看到的是截然相反的一种境界。

中国作为一个拥有9亿农民的发展中大国，出现了一个很不可思议的现象，即当很多人在愁找不到工作之时，竟然出现了“民工荒”。“民工荒”的根源在于民工的工资太低，待遇太差，企业拖欠民工工资的事情时有发生，民工的权益得不到根本保障，以至于一些农民宁愿留在农村种地，也绝不到工厂去打工。

比较有代表性的一个例子是，一位记者去采访一个全国知名企业的老板，对方谈起致富眉飞色舞、侃侃而谈，但一说起职工的社会保障问题却哑口无言。这家企业创造了多项全国第一，效益甚好，但职工的养老保险、医疗保险却都没有得到解决。

由此可见，职工待遇不是企业有没有能力解决的问题，而是愿不愿意把职工的利益放在心上的问题。实践以人为本，提高公司最基层员工待遇，使每名员工都能得到丰厚的年薪，这才是衡量一个企业好坏的可靠标准。否则，一家企业的好，从哪里谈起呢？

董明珠从来就没有想过靠职工的廉价劳动力为公司赚取高额利润，格力给每位员工提供了宿舍，同时年薪也达到了3万元以上，而且年年在增长。她刚上任时，就从业务员入手，让公司的利益平均化，她认为公司的发展跟每一个员工的努力都分不开，而不是几个人的功劳。如果把成绩都算到几个人头上，那对其他大多数人是极其不公平的。为了大部分员工的利益，她宁可得罪那些地位比较稳固的业务员，她从不害怕因得罪人而影响她在公司的发展前途。

董明珠的社会责任感还表现在股市上。作为一家上市公司，格力一直按照上市公司规范的行为严格运行，既不违背上市公司的相关规定，也不像一些上市公司的大股东那样，把上市公司作为获利工具。当初格力筹募资金不过7亿元，如今给股民的分红已经超过了16亿。在这一过程中，格力的净资产从1000万左右上升到近30亿元。无论是对股民还是格力，这都是一个双赢的过程。

除了给股民回报，格力还考虑企业的持续发展。自1997年起，格力不再向银行贷款，它在重庆的生产基地当年就给国家和地方创造了3000多万的税收。同时，在西部建厂后，格力经历了从“输血”到“造血”的功能变化，带动了当地的配套产业，解决了3000人的再就业问题。

另外，为社会进行捐助，也是董明珠常做的一件事。

2005年，南华工商学院国贸系大二学生庞梦晨患上了白血病，经各大媒体报道后，董明珠代表格力电器为她捐款10万元。同时宣布，格力空调广州公司在五一节期间，每卖出一部空调，就捐出5元为庞梦晨治病。后来，格力空调卖了1万台，董明珠个人又给庞梦晨捐了5万元。

同年8月，格力捐助1万元疗养费给1岁半的白血病儿童郑智鸿，同时拿出5万元作为佛冈32名贫困儿童3年的学费。同月，又为一名普通职工11岁的女儿，同样患白血病的陈秋岐捐了5万元作为手术治疗费。

2006年8月，董明珠在百忙之余赶到贵州省黔南洲都匀市平浪镇小学，将自己出书的30万元稿费捐了出来，希望能为孩子们营造一个良好的学习环境。她在捐赠仪式上说："格力作为中国乃至世界上最大的空调企业，在做好自身企业发展的同时，还能为大家做什么呢？我认为更多的就是献出爱心。这次来到这里，我被同学们不畏危房艰苦学习的精神所感动，以后我还会用各种各样的方式筹集资金来支持贵州的教育事业。"

2007年7月，格力空调为广东清远30名白内障老人提供资助。同年，在2007年全国人民代表大会上，董明珠提出了两个议案，其中一条就是关注"留守儿童"，她就如何解决"留守儿童"问题提出了3点建议：

第一，积极落实中央精神，加强社会主义新农村建设，大力发展农村经济。

第二，必须改变现有的户籍和教育制度，因为这些制度的存在让"留守儿童"无法到城市里享受教育等公共资源。

第三，农村"留守儿童"问题不是靠某几个组织、几个人的力量就能够解决的，需要全社会的广泛参与。

作为一名企业家，董明珠在大家都围绕着如何提高自身企业利益做提案时，独辟蹊径，关注“留守儿童”，体现了她对社会高度负责的精神。

2008 年，汶川地震发生后，格力自发组织万名员工捐款，企业和员工共捐款 2500 万元。

2010 年 4 月，格力再向玉树地震灾区捐款 1000 万元。

2011 年，格力给全体员工加薪 10%。董明珠说，这只是回馈员工在物质上的一种体现，要让员工在感到幸福的同时，具有社会责任感，在岗位上感到自己是非常有价值的人，这才是最大的幸福。

纵观格力的发展历程，为社会贡献力量的例子不胜枚举。李嘉诚、比尔·盖茨等等皆是如此，他们能够受人尊重，并不是因为他们非常有钱，而是因为他们为社会做了不少好事。

毫无疑问，一个人的精神境界决定了他在人生旅途上所能达到的高度。熟悉董明珠的人都知道，她身上有一种搏命的精神。她跟朋友一起吃饭时，三句不离格力，对其他话题丝毫没兴趣。这种时时刻刻把格力放在心底的精神，悄无声息地感染着身边的一大批人。她常常说:“一个人最重要的是什么？就是你把人生价值追求定位在哪里，你是为钱而奋斗，还是为别人带来幸福而奋斗？我觉得一个企业的成功，一个品牌的成功，是社会是否尊重你而不是你的财富有多少，也是一个人做一件事情要做好。我下海也不是为了挣钱，只是走进珠海，觉得珠海的环境太好了。对个人来讲，我可以说是没有目标的。这只是我一个落脚的地方，就是这样一个简单的感觉，所以我就到了格力。”

急功近利的人往往最后得不到自己想要的东西，因为干一份事业，要的是一种奉献精神。一个人不急切地想要达到自己的目标时，她才会沉下心来，专心致志地去做一件事。过程中的个人得失，她不去计较，她只有奉献、付出，怀着这样的精神去做事怎么可能不成功？但是，能做到这种境界的人，其实并不是很多的。大部分人做一件事情，几乎都是被某种需求和目标所支撑的，因为目的性太强，所以达不到忘我的精神境界。

而一个人的目标究竟是什么，以及你有多大的目标、多大的眼光、多大的胸怀，决定着你能干多大的事儿。如果仅仅为个人着想，可能会出现知名品牌垮掉的情况。而如果心里所想的，是造福一帮人，为社会的变化做一些有意义的事，不在乎自己的个人利益，不为个人而活，为更多的人而活，那你才能获得最宝贵的财富。

董明珠说，当她坐飞机时，如果有不认识的人跑过来请她签个名，希望跟她照张相，她就会很兴奋，这表明她为社会做出了贡献从而得到了别人的认可。

凤凰网记者问董明珠："将来有一天，或者您再回过头来回顾这么多年事业或者家庭这一块，您会不会为曾经的一些事感到有一些后悔？"

董明珠回答："我觉得走到今天，可能我不会再后悔。因为我觉得很多人跟我一样地付出，但是我不知道是不是由于我的原则坚持得比别人更坚定呢，还是因为我的这种机会好呢，我不知道，但很多人在付出以后，他们没有得到这些荣誉，那这些荣誉是一个代价。那些人没有得到荣誉，是不是就可能犯了我刚才讲的那一点点小错误呢？所以我觉得没什么好后悔的。当你一个人一生走完以后，那必然让人记住你，我觉得这是对于一个人来说，人生价值的成功。"

董明珠就是在这样的价值观下铿锵前行的，她把空调事业做得风生水起后，又备战手机这座城池，听说国人都跑到国外去买电饭煲，她又组织研发人员开发高质量国产电饭煲，同时毫不掩饰创办“董明珠自媒体”的雄心壮志：这不是她的个人窗口展示，而是站在时代的高度上，团结中国企业家和有识之士，凝聚力量，平等交流，共同发展，携手为中国摇旗呐喊的网络发声筒。她以出世的精神，做入世的事业，昂首傲视这一路的荆棘，她是她自己，她坚持自己的想法，坚持自己的骄傲，“不要低头，皇冠会掉”，从而有了属于她自己的皇冠。

陶华碧：在资本市场特立独行

我坚决不上市，一上市，就可能倾家荡产。上市是欺骗人家的钱，有钱你就拿，把钱圈了，喊他来入股，到时候把钱吸走，我来还债，我才不干呢。所以一有政府人员跟我谈上市，我跟他说：谈都不要谈！你问我要钱，我没得，要命一条。

——陶华碧——

现金至上："老干妈"现款现货不赊账

陶华碧说："我从不欠别人一分钱，别人也不能欠我一分钱。"这是她的原则，也是她的铁律。从第一次买玻璃瓶的几十元钱，到现在日销售额过千万，她始终坚持这个原则。"老干妈"没有库存，也没有应收账款和应付账款，只有高达10多亿元的现金流。

"从来不拖欠国家一分一厘，这才是做企业，也是我们的能力，你拖欠或者偷漏人家是很不好的。我们没有国债，不欠国家税收，也没有贷款，贴息贷款我都不要，干干净净，一身清白，该赚的钱我就赚，不干净的钱我不要。"

"我也不欠员工一分钱，拖欠一分钱我都睡不着觉。和代理商、供货商之间也互不欠账，收购农民辣椒，或者把辣椒酱卖给经销商，永远是现款现货，我不欠你的，你也别欠我的，我用我的质量保证我的市场。有很多供应商都是从建厂维持到现在。对顾客，从原材料到每一道工艺，我们都认认真真去做，保证质量。"

陶华碧对待金钱的态度简单明了，就是不做赊欠。

“我教育儿子，就好生生做人，好生生经商。千万千万不要入股、控股、上市、贷款，这四样要保证，保证子子孙孙做下去。

“政府很早以前提出要扶持，我也不要，我有多大本事就做多大的事，踏踏实实做，不欠别人一分钱，这样才能持久。不贷款，自己去做，你晓得压力压在自己肩膀上，晓得去努力去奋斗。人有压力，就有动力。

“在经销商管理上，我们比较严格。要想成为‘老干妈’的经销商，得交数千万元的押金，证明你的实力，其次现金流要好，因为‘老干妈’从创业之初到现在，一直进行现款现货交易，基本上不赊账，而且‘老干妈’从不退货，你货多了卖不出去，是无法退给‘老干妈’厂家的，都得自己消化，除非产品有质量问题。不过，所幸的是‘老干妈’的货物不愁卖。”

陶华碧虽然没有文化，却对商业拥有很敏锐的嗅觉，她知道什么样的管理更适合自己，知道自己的企业有什么特点。作为传统的企业和产品，“老干妈”采用不赊不欠的方法，企业没有死账和坏账，资金周转也非常容易。

陶华碧比任何人都明白现金流对于企业的重要性，而普通的企业更要保证一定量的现金流。因为流动现金对企业的发展和管理决策都有着至关重要的作用。

第一，现金流量对企业筹资决策有相当重要的影响。企业筹集资金额根据实际生产经营需要，要通过现金流量表来确定企业筹资总额。一般来说，企业财务状况越好，现金净流量越多，所需资金越少，反之，财务状况越差，现金净流量越少，所需资金越多。

从“老干妈”账上没有应收账款来看，现金流的充裕让“老干妈”能够更自由地支配，并且保持财务状况非常良好。

第二，现金流量对企业投资决策有重大影响。现金流量是企业评价项目可行性的主要指标，投资项目可行性评价方法有动态法和静态法两种，均与现金流量密切相关。动态法以资金成本为折现率，进行现金流量折现，若现金净流量大于 0 或现值指数大于 1，则说明该投资项目可以接受，反之该投资项目不可行。静态法投资项目的回收期即原始投资额除以每年现金净流量，若小于预计的回收期，则投资方案可行。否则，投资方案不可行。

第三，现金流量对企业资信有影响。企业现金流量正常、充足、稳定，能支付所有债务，公司资金运作有序，不确定性越少，企业风险小，企业资信越高；反之，企业资信差，风险大，银行信誉差，很难争取到银行支持。因此，现金流量决定企业资信。

大部分公司都需要贷款来解决一些运作中出现的资金问题，但如果现金流量少，就会出现资信问题，进而影响到银行的贷款，最后的结果可能是影响到企业的项目运作。

第四，现金流量对企业盈利水平有影响。现金是一项极为特殊的资产，具体表现为：流动性最强，可以衡量企业短期偿债能力和应变能力；现金本身获利能力低下，只能产生少量利息收入，相反由于过高的现金存量会造成企业损失机会成本的可能。因此合理的现金流量是既能满足需求，又不过多积囤资金，这需要理财人员具有权衡资金的流动性和收益性，寻求不同时期的最佳资金平衡点，有效组织现金流量及流速以满足偶然发生资金需要及投资机会的能力。

第五，现金流量对企业价值的影响。在有效资本市场中，企业价值的大小在很大程度上取决于投资者对企业资产如股票等的估价，在估价方法中，现金流量是决定性因素。也就是说，估价高低取决于企业在未来年度的现金流量及其投资者的预期投资回报率。现金流入越充足，企业投资风险越小，投资者要求的回报率越低，企业的价值越大。企业价值最大化正是理财人员追求的目标，企业理财行为都是为实现这一目标而进行的。

第六，现金流量对企业破产界定的影响。我国现行破产法明确规定企业因经营管理不善造成严重亏损，不能清偿到期债务的，可依法宣告破产，即达到破产界限，这与以往的“资不抵债”是两个不同概念。通过现金流量分析，若企业不能以财产、信用或能力等任何方式清偿到期债务，或在可预见的相当长期间内持续不能偿还，而不是因资金周转困难等暂时延期支付，即使该公司尚有盈利，也预示企业已濒临破产的边缘，难以摆脱破产的命运。因此理财人员对现金流量要有足够的重视，未雨绸缪，透过现象看本质，将信息及时反馈到公司管理层，当好公司的理财参谋。

加强现金流量管理是企业生存的基本要求。每个企业都有各自的不同发展阶段，其现金流量的特征也都有所不同。因此根据其在不同阶段经营情况的特点，采取相对应的有效现金流量管理措施，才能够保证企业的生存和正常的运营，否则就会给企业的生存带来致命的影响。

所有的企业主都应该时刻谨记现金流的重要性，多在现金流方面下功夫，尽可能地让账面上少出现应收账款和应付账款。

“老干妈”正是由于非常重视现金流，所以才能一直稳健迅速地发展壮大，成功防范了破产的风险。

“老干妈”不贷款、不融资的底气，很大程度上就来源于公司数十亿元的现金流。因此，“老干妈”的公司账目也格外简单。

十几年来她从没改变过规则：一手交钱，一手交货。在这一点上陶华碧绝对不会让步：“我从不欠别人一分钱，别人也不能欠我一分钱。”即使在“老干妈”刚刚起步资金困难时陶华碧也是如此。

贵阳第二玻璃厂厂长毛礼伟回忆说：“当时她给我打了个电话，说要一万个瓶子，现款现货，我真有些不敢相信。”就是这样，十几年来“老干妈”企业没有应收账款和应付账款。

“和她谈融资的事情比引进外资还要难，她心里拿不准的事谁也说不动。”贵阳市政府的官员曾如此提起“老干妈”。

“一手交钱，一手交货”，看似简单的一句话，可真正创业时有几个人能够做到？赊账，是很多创业者碰到的难题，不卖，好不容易上门的生意；卖，资金周转压力大，左右为难中，很多人还是选择卖了，于是我们看到，赊账成了一个公司的蛀虫，太多的公司因它而垮台。

陶华碧坚持了不赊账的原则，只是这一点，大多数创业者、企业家们都难以企及。

一些企业由于产品缺乏市场竞争力或为了与竞争对手抢夺市场而采用赊账销售方式。表面上来看并无不妥，事实上赊账销售的弊端不少。主要有以下几点：

第一，产品赊销出去，到了代理商那里，资金没有回流，企业应收款增加。从本质上来说，代理商货款没有回笼，企业的销售行为“产品转化成商品”的目的根本没有实现。产品在代理商那里，由代理商管理，企业自身失去了对产品的管理权与支配权。

第二，若代理商违约，很容易造成企业资金流断裂，影响企业正常生产。更可怕的是，代理商利用企业的应收款作为周转资金发展自我。这是企业呆账、死账形成的最根本原因。

第三，资金没有及时回笼，增加企业财务工作与业务工作量。财务与业务为了核实市场库存量与在途资金，要几倍于常规的工作费用。另外，如果企业管理存在漏洞，很容易造成业务人员私自在市场结算货款的不良行为。

第四，采用赊销行为很容易在市场造成代理商之间的窜货行为。代理商为了自己的个人利益，常常会想方设法将企业赊销给他的产品，早日变换成资本金，由于赊销产品在代理商手中，代理商掌握主动权，代理商完全可以利用自己的人脉关系将赊销产品串区销售，这样就破坏了市场组织纪律。

第五，由于赊销产品在代理商手中，生产商失去了管理权与支配权，生产商企图控制市场销售价格就常常都是没有力度的。代理商可以根据自己的经营情况来决定价格的高低。这样，生产商想利用价格策略来占领市场就行不通了。

有一位刚开始创业，卖工艺品的小伙曾无奈地说道，现在自己面临的就是赊账严重，手头有五六笔款都没有到位，工艺品中有一部分周转资金很大，押款严重成为创业初期最大的坎儿。仔细想想，不赊账很难做到，大订单太诱人了，谁忍心拒之门外？

目前赊账严重的很多是刚刚起步的创业者，对此他们表示很无奈，为了扩大影响力，为了快速发展，赊账成了一道“紧箍咒”。其实，快速发展不如换一个词：稳步发展。适当地给自己松松绑，也许创业路会走得轻松点。

相当多一部分企业，尤其是中小企业，由于规模小，业务性质特点各有不同，建立一套适合自己企业的财务管理制度是必不可少的。首先应强化企业所有者的管理思想，认识到财务管理的重要性，再者企业可以根据企业实际情况，结合自身的组织结构，形成各部门各岗位之间分工、协调、制约和监督机制。如此才能使企业走上规范运作、持续高效的健康发展之路。

“老干妈”公司的管理很简单，来往账务清晰，借贷关系一目了然，这些都是陶华碧常年坚持一手交钱一手交货，不赊账原则的结果，也为企业管理省去了相当多的麻烦。

不贷款，有多少钱做多大事

说起贷款，很多公司都会选择贷款来采购货物或者做企业日常资金运转，可见在企业运作过程中，到位的资金是多么重要。有一些非常不错的项目，往往由于没有资金支持而放弃，着实可惜，于是贷款成了他们唯一的选择。

2001 年，为了进一步扩大规模，陶华碧准备再建一处厂房。当时，公司大部分资金都压在原材料上，手里的流动资金又不足以支撑当时厂里的发展，于是有人建议她向政府寻求帮助。由于“老干妈”公司多年来的良好表现，在税务上相当积极，所以南明区委非常重视“老干妈”的贷款请求，立即协调建设银行给“老干妈”贷款。协调好以后，区委办给她打来了电话，让她到区委来洽谈此事。

陶华碧带着公司的会计来到区委，区长所在的办公室在三楼，一行人乘着破旧的电梯到达三楼，出电梯时，一不小心陶华碧的衣服被坏了的电梯门挂住了并跌倒在地。

随行人员都吓得不轻，赶忙扶起陶华碧，大家都以为她要发火，所以都尽可能地扯开话题时，谁知她却说：“你们看，政府也很困难，电梯都这么烂，我们不借了。”

大家都以为她是在说玩笑话，她叹了一口气，摇摇头说：“我们向政府借钱，给国家添麻烦。真不借了，我们回去。”陶华碧不知道政府协调银行贷款是什么意思，以为就是向政府借钱。

说完她真的就转身回去了，大家都面面相觑难以置信。

创业期间，陶华碧从来没有和银行打过交道，她始终坚持的是一手交钱一手交货，所以并不需要贷款，除了交税，基本不和涉及金钱的部门有瓜葛，唯一的一次贷款是在“老干妈”公司发展壮大之后，银行不断托人找上门来请她贷款，陶华碧盛情难却才勉强贷的。贵阳市商业银行的一位工作人员说，陶华碧对他们说得最多的一句话是：“你们就是想找我点利息钱嘛。”

可见陶华碧虽然不懂文化理论，但却非常了解行业，有多少钱就做多大事，这是陶华碧的生意准则，值得很多创业者学习。

不上市，“老干妈”只干会干的

早在2003年，贵阳市政府的领导就建议“老干妈”公司上市，还表示可以帮助“老干妈”借壳上市，以便融资扩大生产规模，却被陶华碧一口回绝了。

“什么上市、融资这些鬼名堂，我对这些是蒙的。我只晓得炒辣椒，我只干我会的。”即使如今公司有实力上市，陶华碧的态度依然如此。

她做生意的规则始终是一手交钱一手交货，谁也不欠谁，这样简单而明朗的道理，陶华碧坚持了十几年。

“连续17年销售额增长，日均生产200万瓶，实现年销售收入37.2亿元，上缴税收5.1亿元”，这一串数字说的就是“老干妈”。

其实，上市与否是一个公司的自主选择，尤其对家族式企业而言。简单地说，选择做公众公司，除了每年增加一些必要的事务性费用支出，更重要的是需要承担持续性的义务和责任，要对投资者和监管机构履行信息披露义务，确保及时、全面、真实、准确地披露可能对股票交易产生影响的重要信息，还必须按照《中华人民共和国公司法》和国际惯例，建立由股东大会、董事会、监事会和经理层共同组成的法人治理结构，有效地行使决策权、执行权和监督权，保障股东的利益和上市公司的规范经营运作。相比之下，家族式企业内部如果资金、生产、经营各方面可以自我运行良好的话，不上市未必不是一种适合自己的选择。当然，更多公司通过借助资本市场做大做强也是一种选择，这一主动权应该在企业自己手中。显然，“老干妈”选择的是不上市，她的理念就是“不上市、不贷款、不融资和永远现款现货”。

“老干妈”是成功到极致的创业者，也是简单到极致的创业者。她把一瓶5块钱的辣椒酱做成全国知名的品牌，但她坚决拒绝成为资本市场的明星。

“我坚决不上市，一上市，就可能倾家荡产。上市是欺骗人家的钱，有钱你就拿，把钱圈了，喊他来入股，到时候把钱吸走，我来还债，我才不干呢。所以一有政府人员跟我谈上市，我跟他说：谈都不要谈！你问我要钱，我没得，要命一条。”

那么“老干妈”如果要做大做强是否需要上市？答案是，否。不否认陶华碧可以顶住资本增值的市场大潮是一种特立独行的行为，但是这和是否上市没有因果关系。“老干妈”可以不上市的原因是其特性导致的。

首先它是轻资产公司，生产线的初始投入并不高，也没有太多的技术含量。

其次是产品比较特殊。麻辣酱属于消费品，利润率较高，但用量又较小，一顿饭吃不了一罐“老干妈”，所以它的市场地位实际上是在一个容易被忽视的角落里面成长壮大的，这种统治地位全靠消费者的口碑和习惯，当然也和较好的质量控制有很大关系，所以它的毛利不需要像一些产品一样大额支出在广告费用上。

“老干妈”对收购和兼并持反对意见，如果一定要做一个新的品牌出来的话，因为本身“老干妈”的定价已经较低，在这个空间有限的细分市场，超出需求的辣酱类产品消化速度很慢，所以“老干妈”面临的竞争威胁实际也不那么激烈。

最后因为坚持全现金结算，“老干妈”现金流极好。她看不到有迫切的融资需要。所以，不上市“老干妈”一样可以活得很好。

只要不进行多元化经营，消费者也继续爱吃辣，保持品质，那么像“老干妈”这样的企业可以做得非常长远。

其实上市公司这个资格因为体制的原因在中国是稀缺资源。首先，上市公司能够自由运用股和债这两种基本融资工具，非上市公司无法做到。其次，上市公司可以通过其资本市场平台方便地进行兼并和收购，无须动用太多现金，而非上市公司的股权一般做不到大规模地股权收购。最后，上市公司通过股权激励的方式可以更方便招揽、留住专业的管理和技术人才。上述3点是大部分企业想要得到上市机会的主要原因。

“老干妈”只做自己了解的事情，这是非常正确的策略。“老干妈”不上市也很成功并非因为她的高风亮节，而是因为“老干妈”这样的公司不用上市也能将企业运作得非常顺畅。在世界范围来看，上市是企业经营的一个里程碑，和道德价值并无关系，只是公司决策的一种方式。投资也好，上市融资也好，都有一定风险，应该谨慎视之。

不跨行，将辣酱进行到底

“一个民营企业一年的收入足够养活贵阳市南明区所有居民两个月，8元左右的辣椒酱，每天卖出130万瓶，企业一年用12300多吨干辣椒，17000吨大豆，‘喝下’全省近一半的菜油。”贵州省贵阳市南明区政府的李先生说，“这描述的就是陶华碧所经营的企业。”

陶华碧用肩膀将“老干妈”这一品牌背向了世界。

有人曾建议她扩张规模，做相关产品周边产品等系列，可她都坚定地否决了，她说：“我只做麻辣酱，因为我只会做麻辣酱。”

陶华碧用自己的实际行动捍卫自己的品牌，让它始终在麻辣酱行业里处于龙头地位。

“世上无难事，只怕有心人”，这句话激励了一代又一代人，用在“老干妈”创始人陶华碧身上实在是再合适不过了。“老干妈”以特有的魅力、喜欢钻研的精神、过硬的口碑为自己开拓了一方天地。

陶华碧曾说，她只会做麻辣酱，一生也只做麻辣酱，其他领域她一概不懂，也不想去懂了，只想把自己熟悉的麻辣酱做好，做到极致。

我们也能从市场上的情况获悉，“老干妈”商标和品牌目前也只有麻辣酱系列，没有生产过其他门类的商品。

很多企业都想做到“老干妈”公司那样的人尽皆知，又能一直长盛不衰，这是十分困难的，但只要从以下几点着手，也能够让公司发展顺畅。

第一，前期的创业期间肯定是艰苦的，必须有锲而不舍的精神，过硬的诚信口碑。“老干妈”有句座右铭“质量就是生命”。这也给了大家一个踏实做事的榜样，只有脚踏实地才能走得更远。

第二，有一个好的心态，不能因一时碰壁而放弃，因为每一个发展阶段人的心理都不一样，也不要因为一时的崛起而忘记曾经帮助过自己的人。

做生意时对待合作伙伴要真诚而耐心，即使一次没有谈成，也不必灰心，多次努力就能看到成果。

第三，做好自己的品牌，挖掘好自己的亮点。例如“老干妈”刚开始的时候还是一心想做好凉粉的，之后发现原来是自己的辣椒酱比较好吃，因此就调整了自己的方向，全力推出辣椒酱，名声不胫而走，以其独特的口味、便宜的价格赢得了很多忠实的顾客。

“老干妈”一路走来，品牌名声早已走出中国，冲出亚洲，走向全世界，吃过的人都会说“老干妈”麻辣酱好吃。一个好的品牌不仅要经得起时间打磨，其质量更需要得到大众的检验。

创业者们无论做什么行业，想做大做强，并不一定是要将产品的产业链做丰富，而是让企业做得有深度，专注才能专业，长此以往，总会有成功的一天。

关于“老干妈”陶华碧的创业感悟，她说:“我做本行，不跨行，就实实在在把它做好做大、做专做精。不要想赚便宜钱，好生生去做，我自己有多大能力就做多少事情，自己打下一片天，才是真本事。这也做那也做，你哪有那么多的精力？我一心投入辣椒行业，越做越大，而且要做好。我们利很薄，就靠量，薄利多销。

靠暴利那是不行的，滴水成河、粒米成箩。钱来得再快，也不能贪多。滴水成河，把一个行业做精。不要去贪大，要先把自己做强，做成精钢、好钢，吃的东西祖祖辈辈都可以延续下去。”

专注专业是一个企业的基本灵魂和准则，只有如此才能真正将企业的内涵做到饱满，企业的未来才会更加光亮。

品牌价值:“老干妈”的维权路

“老干妈”麻辣酱系列品牌在市场上的影响力越来越大，消费者已经将“老干妈”的品牌与品类认知紧密相连了，很多人吃麻辣酱只吃“老干妈”，可见“老干妈”已经拥有了相当大一部分的粉丝群。可就在这个时候，与“老干妈”陷入商标纠纷的企业却越来越多。

最轰动的例子是湖南华越公司的“刘湘球‘老干妈’”。华越公司申请“刘湘球‘老干妈’及图”商标几乎在“老干妈”公司向国家商标局申请“陶华碧‘老干妈’及图”商标的同时，双方均得到国家商标局的认可。一时间，多地货架上同时出现两位有着红底黄字瓶贴、身着白色围裙的“老干妈”。

之后，经过一场旷日持久的拉锯战，这场官司以“老干妈”胜诉告终，公司在国家工商总局商标局领取到了“陶华碧‘老干妈’及图”的商标注册证书。

此外，“老干妈”公司也加强了商标保护措施。目前，该公司全部注册商标达 114 个，包括“老于妈”、“妈干老”等商标，这都是为了防止一些公司打擦边球，影响“老干妈”品牌。

经销商林先生说，公司“打假”一直很积极，对于假货的投诉或报告，反应非常快。“有一次我们在市场上发现山寨货，打电话给总公司，对方第一时间让我们给工商和公安打电话要求查封。4 个小时之后，李贵山就下了飞机到了我们这里。”

如果注意观察，可以发现，陶华碧这几年提交的两会建议都和“打假”有关，而在其为数不多的受访中，她也经常强调食品安全的重要性。“你看到假冒的产品，就告诉我，我会付给你感谢费。”陶华碧在公开场合多次说道。

其实，早在“老干妈”创立初期，李贵山就曾申请注册商标，但被国家工商总局商标局以“‘干妈’是常用称呼，不适合作为商标”的理由驳回，这便给了仿冒者可乘之机。

“老干妈”卖出了名气之后，全国各地陆续出现了50多种“老干妈”，陶华碧开始花大力气打假。她派人四处卧底调查，拨款数百万元成立了贵州民营企业第一支打假队，开始在全国打假。

但仿冒的“老干妈”就像韭菜一样，一茬接一茬层出不穷，特别是湖南“老干妈”，商标和贵州“老干妈”几乎一模一样。

陶华碧犯犟了，不依不饶地与湖南“老干妈”打了3年官司，从北京市二中院一直打到北京市高院，还数次斗法于国家商标局。此案成为2003年中国十大典型维权案例。

2000年8月10日，一审法院认定，贵阳“老干妈”公司生产的“老干妈”风味豆豉具有一定的历史过程，湖南“老干妈”构成不正当竞争，判决其停止使用并销毁在未获得外观设计专利权前与贵阳“老干妈”公司相近似的包装瓶瓶贴，并赔偿经济损失15万元。

这意味着两个“老干妈”可以同生共存，对于这个结果，“老干妈”陶华碧是不接受的，她很快便提起了上诉。

其间有很多人劝陶华碧放弃官司，但她面对前来劝解的人就一句话：“我才是货真价实的‘老干妈’，他们是崴货（贵州话：假货），难道我还要怕崴货吗？”

“不管路有多长，困难有多大，时间有多久，我们一定要把这场品牌保卫战打下去，直到取得最终的胜利。”这是贵阳南明

“老干妈”风味食品公司董事长陶华碧对法院的判决结果做出的强烈反击。

据悉，北京市第二中级人民法院对贵州“老干妈”公司状告湖南华越公司“仿冒‘老干妈’风味豆豉酱包装装潢”案件进行了判决，认定华越公司的行为“构成了不正当竞争”，但由于此前华越公司申请的“刘湘球‘老干妈’及图”商标几乎在“老干妈”公司向国家商标局申请“陶华碧‘老干妈’及图”商标的同时，已得到国家商标局的认可，法院无法支持停止华越公司使用“老干妈”商品名称的请求，于是出现贵州“老干妈”虽赢了官司却还要上诉的稀罕事。

其实这个事还得从多年前讲起。

1994 年贵阳市南明实惠饭店推出以“老干妈”为产品名称的风味食品，其中的豆豉辣酱尤其引起消费者的兴趣。1996 年 8 月，贵阳何世立先生专门为“老干妈”公司手书的“老干妈”3 个字被用在豆豉辣酱瓶贴上，字上中部是产品发明人陶华碧身着白色围裙的肖像。此后的几年里，“老干妈”豆豉辣酱在一些城市消费者的餐桌上出尽风头。

看到消费者如此喜欢自己的“老干妈”，贵州籍的“老干妈”遂想到要为自己的姓名报个“户口”。但自从 1996 年以来，国家商标局先后 5 次以“干妈”两字为普通人的称谓为由驳回其商标注册要求。

贵州“老干妈”公司职工在向记者介绍他们“老干妈”名称的来历时振振有词：十几年前，董事长陶华碧的丈夫过早去世，留下两个未及弱冠的孩子。为了生活，陶华碧在街上靠卖凉粉、米豆腐维持生计。当时附近有所技校的学生经常光顾她的摊点，其中有位名叫欧阳梓刚的学生因家境不好而不安心上学，陶华碧知道后主动关心和资助他。这位学生感激之余便亲切地认陶华碧为“干妈”，后来其他学生也跟着叫她“干妈”。陶华碧在创业发展后，没有忘记用这个名称作为自己的品牌名。

但是，始料未及的事情发生了。

1997年，湖南华越公司与贵州“老干妈”下属企业——贵州省贵阳市的唐蒙食品厂签订合作协议，以唐蒙厂的技术共同生产“老干妈”风味豆豉辣酱，其产品使用的瓶贴上也使用了何世立的手书字体，同样也是红底黄字，所不同的是“老干妈”肖像是另一位妇女半身像，而且每个大字的黄色底衬是菱形，而非贵州“老干妈”瓶贴上的椭圆形。1998年，就在贵州“老干妈”连续5次申报商标注册均未成功的情况下，湖南“老干妈”却顺顺当当一举获得注册批复；而与此同时，国家商标局竟然又同意了贵州“老干妈”的商标注册。

1998年8月贵州“老干妈”从北京燕莎望京购物中心购买了华越“老干妈”风味豆豉和风味辣丁等产品，作为证据，起诉湖南华越食品有限公司和北京燕莎望京购物中心仿冒“老干妈”风味豆豉酱包装装潢，要求法院判令其停止侵权行为，销毁全部侵权瓶贴、标识，并公开赔礼道歉，消除影响，赔偿经济损失。

2000年8月10日，受理此案的北京市第二中级人民法院一审判决：对贵州“老干妈”公司告湖南华越公司“仿冒‘老干妈’风味豆豉酱包装装潢”案进行了判决，认定华越公司的行为“构成了不正当竞争”，但由于此前华越公司申请的“刘湘球‘老干妈’及图”商标几乎在“老干妈”公司向国家商标局申请“陶华碧‘老干妈’及图”商标的同时，已得到国家商标局的认可，法院无法支持华越公司停止使用“老干妈”商品名称的请求。

同时，虽然湖南“老干妈”瓶贴与贵州“老干妈”瓶贴相似，但鉴于湖南“老干妈”企业的商标已经国家商标局注册，所用瓶贴获得了国家专利局的外观设计专利证书，因此对贵阳“老干妈”企业诉请判决对方停止使用“老干妈”商品名称和停止使用获得设计专利后瓶贴的请求，法院不予支持。8月21日，贵阳南明“老干妈”公司向国家工商局商标评审委员会提出商标复审申请，并向北京市高级人民法院提起上诉。

由于贵州“老干妈”在贵州是家喻户晓的产品，这场官司“一石激起千层浪”。当地以各种形式声援贵州“老干妈”的法律行动。

一些法律界权威就这种商品注册案例的“一女两嫁”现象发表了自己的看法。社科院法学所知识产权研究所主任、北京和天津仲裁委员会仲裁员李顺德认为，尽管法院无法撤销已被国家商标局注册的湖南“刘湘球‘老干妈’”商标，但湖南华越公司产品上的“老干妈”3个字体的使用应属于侵犯了何世立的著作权；原全国人大常委会法律委员会副主任委员、中国政法大学校长江平则认为，湖南“老干妈”的瓶贴、包装与贵州“老干妈”在整体感觉上非常相似，在市场上已构成了对消费者的严重误导，同时他个人认为，“两个商标也极其相似”。不过法律界人士有一种共识值得注意：法院的判决并没有误，因为已被注册的商标，法院是无权判决停止使用的。而造成今天这种“干妈”满天“飞”尴尬现状的源头是两个极为相似的商标同时合法并存的现实。

为此有人提出更尖锐的问题：如果说两个“老干妈”的纠纷由商标注册不当引起的话，那么职能部门的裁决该由谁来“裁决”。

“作为权威部门认定的湖南华越‘老干妈’是在通过合法程序取得国家商标局注册证书后，被贵州‘老干妈’推上法庭的。”针对这桩新世纪两个“老干妈”大战将面临进一步升级的闻名全国的商标官司，湖南华越食品有限公司副总经理李安在他那贴着

"辣遍全球"广告语的办公室内对记者说。

据李安说，对于将进行的新一轮诉讼，湖南"老干妈"有充分的信心奉陪到底。理由是湖南"老干妈"——湖南华越食品公司成立于1997年9月，而贵州的"老干妈"于1997年11月才由"贵阳南明陶氏风味食品厂"正式更名为"贵阳南明老干妈风味食品有限责任公司"。所以，从成立时间上来看他们是有优势的。

"湖南'老干妈'的商品，刚进入市场公司便斥资400多万元在湖南卫视和湖南省内的其他电视台与湖北、河南、山东、云南、陕西等地的电视台做广告，因此声名鹊起，才有了今天这样的知名度，并获得了'湖南名牌产品'、'99湖南市场占有率最高品牌'、'99湖南省消费者购买首选品牌'和'湖南知名商品'及湖南省技术监督局颁发的'产品质量信得过商品'，也就是说，湖南'老干妈'从创立之初，其市场知名度是通过自己的良好商品声誉和广告投入获得的。"

李安认为，判定一个商品的知名度要依据商品广告、销售历史、销售数量和市场占有率等方面的证据进行综合判断。虽然贵州"老干妈"的产品曾被评为贵州省的名牌产品，但并不意味着其产品在贵州省外的市场上也有知名度。相反，湖南生产的"老干妈"产品已在一定的地区有了一定的市场，更具有了一定的知名度，已从湖南省走向了全国，从一个地方品牌，变成了全国性的品牌。

李安说："老干妈"风味豆豉的商品名称、包装、装潢并不为贵州所特有，相反，湖南"老干妈"的包装、装潢已取得外观设计专利。贵州使用"陶华碧牌"界定自己的商品，而湖南则用"刘湘球牌"，消费者不会把两种产品相混淆。

最终陶华碧和湖南"老干妈"的官司，在两位贵人的极力斡旋下得以终结。2003 年 5 月，陶华碧的“老干妈”终于获得国家商标局的注册证书，同时湖南“老干妈”之前在国家商标局获得的注册商标被注销。

就在两个“老干妈”官司打得如火如荼的时候，另一个叫“老干爹”的品牌正悄悄借着“老干妈”的东风。

俗话说，一山不容二虎，两个品牌在名字上仅一字之差，却又是八竿子打不着。在“老干妈”看来，“老干爹”有意和“老干妈”摆放在一起，以制造出似亲非亲的关系来混淆消费者视听。这种借势营销手段其实是一种变相的侵权行为，在市场上是站不稳脚跟的，生意也很难做长。

一晃 20 年过去了，“老干妈”已经把 5 元钱的辣酱生意做成了 37 亿的民族品牌，而另一个区的“老干爹”在国内仍然是鲜为人知，还背负了山寨品牌的骂名，生意终究做不长。

都说，第一个吃螃蟹的人是令人佩服的，这就是互联网时代体现在品牌上的“先入为主”，“老干妈”产品比“老干爹”早一步进入辣酱市场，在市场上形成相对强势的影响力。后来者，不管是“老干爹”、“老干娘”还是“干儿子”，不管质量上能否超过它，消费者都会因接受了“老干妈”的品牌形象，并以此为标准，故后来者即使付出几倍甚至几十倍的代价，也难撼动“老干妈”的强势地位。

“老干爹”堂而皇之地以“老干爹”之名，妄图借着“老干妈”的品牌光辉一下子拔高自己的品牌档次，能与“老干妈”平起平坐，殊不知在“老干妈”品牌光辉的背后，是由扎实的品牌质量和诚信堆砌起来的基石，这是无论“老干爹”之流如何借势，都难以企及的。

就像“老干爹”负责人说的，“老干妈”的收入是用秤称的，我们的收入是用手数的，差距不是一星半点儿。

“老干妈”的神奇，在于创造了诸多的独树一帜，让辣酱生意世世代代、子子孙孙做下去，这是“老干妈”的百年大计，而千万不要入股、控股、上市、贷款，也是“老干妈”对儿子的告诫，只认死理，常常在“对抗”、“颠覆”中度过，不管遇到什么，走自己的路……“老干爹”借得了“老干妈”的名气，却借不到品牌的灵魂，最终赚来的不过是虚名罢了。

PART 3
匠人情怀

所谓匠人，一辈子只为一件事。

董明珠：从"中国制造"到"中国智造"

国家号召万众创新，但绝对不是叫你"偷人"、"偷技术"，而是让你自主创新。中国企业，特别是中国制造企业有责任有义务培育优秀人才，用自主创新，改变世界对"中国制造"的看法，赢得世界的尊重，为人类的美好生活而努力。

——董明珠——

产品力：制胜市场的从不是营销

如果有人问董明珠，格力空调靠什么在市场上取胜？营销出身的董明珠绝对不会说"营销"，而是说"格力的竞争力来自于产品自身的'产品力'，过硬的产品质量才是格力空调赢得市场的撒手锏"、"产品第一位"、"产品起决定性作用"、"质量才是产品销售的前提"。这点上，她跟小米雷军是正好相反的。雷军是技术研发人员出身，但他强调的是销售第一。两人之间的对比，还真是有点戏剧性色彩。

如今的格力电器在董明珠与朱江洪的带领下，早已成为全国第一、世界500强企业之一，但有谁知道格力电器在刚成立时，仅有一条破旧的窗机生产线，年生产能力不足2万台？格力空调最困难时，不仅员工工资发不起，向银行求助也断然遭到拒绝！但格力人没有气馁，倔强无比的朱江洪慷慨激昂地对自己的员工说："我们既然选择了做空调这一条道路，就要义无反顾地走下去，努力做好空调，还要做出中国最好的空调！"

2015 年朱江洪退休，董明珠接棒，曾有人担心朱江洪离去，格力会不会变成一个不重视技术的企业。实际上，董明珠也非常重视技术，格力的研发有今天，董明珠居功至伟。

董明珠在遇到困难时，总是咬紧牙关坚持到底，从不轻易向困难妥协。但无论是朱江洪还是董明珠，他们的战斗，更多意义上应该说是与自己斗。

1995 年，格力空调全面启动质量整顿工程。格力制定了"总经理 12 条禁令"、"总裁 14 条禁令"，且禁令几乎是不近人情的。只要员工违反其中任何一条，一律予以辞退或开除，坚决不手软。

为了严格把关产品质量，格力下设四个部门：技术部、质检部、企管部、总部分厂，时任总经理的朱江洪下令，只要格力空调产品质量不达标，四个分支部门的负责人，要当众拿大铁锤把空调砸烂，并对有关责任者进行处罚。

而董明珠对技术研发的重视同样达到了疯狂的程度。技术研发经费无上限，每年的研发经费连她自己都数不清，要多少投多少。据统计，仅在 2008 年，格力电器技术研发投入就达 10 亿元，是中国空调业界技术投入费用最高的企业。董明珠说作为一个管理者，与其他人的唯一区别是自己比别的管理者更加注重技术研发，即使在科研技术没有成功的情况下，依然愿意拿钱去失败。

有个很著名的例子：对于空调在零下 30 摄氏度不能制暖的问题，从空调发明至今 100 多年来都没有解决方案，董明珠却给格力科技部下了军令状，希望他们挑战这一空调业界的难题。

这项艰巨的看似不可能完成的任务，经过 429 次淋雨可靠性实验，903 次超低温可靠性实验，852 次测试数据分析，534 次静音验测试验，历经 4 年时间，最终接近成功——零上 54 摄氏度超强制冷、零下 30 摄氏度超强制热的全新双级增焓技术的格力高端产品全能王终于进入最终评审阶段，可是董明珠并不满意。她说:“它依然还有缝，我要做到完全无缝!”

于是，历经 3 个月没日没夜的技术攻关，科研人员终于将缝隙从原来的 8 毫米降到了 3 毫米。这次科研人员自己都很满意了，但董明珠看完，立刻又给否决了，她说:“一个支撑点不够完美。”

为了实现这个小小的改变，科研人员又耗费了 3 个月时间，直到 2013 年，国际领先的双级增焓变频压缩技术的全能王系列新品终于完美问世。

董明珠说，你要用鸡蛋里挑骨头的精神来制造自己的产品。她的执着换来的是格力电器在全国空调行业中首屈一指的地位，所拥有的专利也是全国之最，目前每天都有 7 项专利问世，格力电器成为仅靠单品销售就能突破千亿的企业，是名副其实的技术之王。

对于质量近乎苛刻的要求，是源自于董明珠对消费者负责的精神。她要求新产品设计出来，要经过严格的试生产、长期运转试验和重新调整设计等流程。经历长时间的试验调整过程后，产品质量真正过了关，才可以正式投入生产，并上市销售。

然而中国的空调业竞争非常激烈，一旦有新产品问世，许多企业为了抓住时机，抢得第一桶金，纷纷模仿、制造、抢先投放。变频空调推出时，格力的“冷静王”分体式空调能效比为 3.35，达到国家二级能效标准，噪音也仅为 34.2 分贝。此空调一旦问世，肯定是全国噪音最小，制冷效果最好的空调。然而一石激起千层浪，得知这一消息后，众厂家纷纷将自己并不成熟的空调推入市场，鱼目混珠。此时，董明珠采取了她一贯的原则：雪藏“冷静王”，一心一意提高产品质量。

最终，格力以超出国家相关标准、在购买全球最贵的铜管的基础上推出了自己的产品，“冷静王”一经上市就一炮打响，赢得了消费者的青睐。

正是这种沉得住气、耐得下心、一门心思提高质量的方式，让格力空调赢得了市场。2005 年 11 月 28 日，在中央电视台《东方时空》栏目播出的《时空调查》中，格力空调成了消费者认可度最高的空调产品，格力空调在空调类的得票最多。

董明珠说："格力的目标，就是让全世界的人都信赖格力空调，就像人们信赖奔驰和宝马一样。"正因为有这样一个伟大的目标，格力才会如此严格要求自己，才会对消费者如此负责。

然而董明珠这种注重科研的精神，并不是一帆风顺的，她时不时地要遇到一些"内讧"事件：1999 年秋，淮地有 5 个空调销售大户存在"窜货"严重的现象。所谓"窜货"，就是有些代理商受利益驱使，为了完成企业规定的销售额，以争取企业最优惠的政策，在自己当地市场销售产品价格保持稳定的情况下，低价到异地倾销。这样就造成异地价格混乱，从而使其他经销商对产品失去信心，消费者对品牌失去信心。

"窜货"现象让同样的产品，有不同的价格。消费者自然愿意拿最少的钱，买同样的产品。这样就直接导致一些当地经销商亏损严重，甚至关门倒闭。

当时淮地销售公司有个高管叫梁君，他就采取了隐瞒和欺骗的手段，做出了许多有损格力空调形象和利益的事情。为此，董明珠果断罢免了他的职务，淮地格力公司"哗变"事件随之爆发：召开新闻发布会，散布格力空调和董明珠的假消息，通过其他途径诋毁董明珠，向她发恐吓信……历时整整 3 个月，最终董明珠依靠自己顽强的毅力和勇敢的斗争精神，干净利落而又动人心弦地完成了对格力销售公司的清洗，格力的淮地市场重新恢复过往的秩序。

战斗中的董明珠用无所畏惧的精神，为保护格力经销商的利益而战，为保护格力的大局利益而战，她得到格力员工的敬重甚至崇敬。董明珠说:“我在格力真诚地为企业服务，赢得了广泛的尊重和关心，只是认真地工作不可避免地会触及某些人的既得利益，自然会招致他们的嫉恨和敌意。爱和恨都是生命对我的赐予，与他们的较量，使我更清楚地懂得了我该如何做人，我对自己的感觉是，我的人缘很好。其实，这世界上有99%的人都是好人，但也有个别人是不负责任的人。像这种不负责任的人，如果你不去制裁他们的话，这本身就是一件不负责任的事情。所以，我有时候讲，团结都是斗争出来的，和谐也是斗争出来的。”

董明珠常常说，格力对技术创新的不懈追求和对产品质量的苛刻追求，是企业走向市场的必经之路，是企业走出中国、走向世界的必备条件。

由于质量过硬，格力电器单是智能化霜技术这一项，自问世以来就累计节约电能9.86亿度，节约电费超过5.9亿元，相当于一个中型发电厂1年的发电量。2009年，格力电器作为家电行业的唯一代表出席了世界自然基金会关于中国企业致力于节能减排的研究报道——《企业低碳领导力》的发布会。该报道集中介绍了建筑、家电、金融、高耗能、信息与通信、可再生能源6个主要行业、12个企业开展节能减排和低碳发展的经验与教训。董明珠说:“作为全球最大的空调制造商，格力电器历年来积极寻求低能耗、低污染、低二氧化碳排放为特征的低碳经济，立足节能技术的自主研发，大规模生产品种丰富的节能产品，利用全球销售网络大力推动节能产品的绿色消费。”

7月20日，国家公布了第二批“节能产品惠民工程”高效节能房间空调器推广目录，格力电器再次中标236个节能型号，加上第一批中标的269个型号，以505个型号的高数量成为入选最多的企业。同时，在1—7月销售总量和销售总额两个排名中，格力市场占有率双双超过38%，均位居第一。7月空调销售量环比（与同年6月份相比）增长333.16%，其中格力环比增长416.14%，销售量占据整个行业的39.22%，独占鳌头。

8月20日，广东省首批自主创新产品认定工作落下帷幕。珠海格力电器数码多联空调机组、风管机、家用分体式房间空调器三大类产品获得认定，成为新能源与高效能领域空调类产品入选最多的企业。

董明珠的办公室里一直挂着一幅字，那是2005年董明珠生日当天朱江洪送给她的，上面写道："献身企业忘自我，棋行天下女豪杰。"可以说，董明珠没有辜负朱江洪的盛赞，她几乎把一生都献给了格力，她真的是一位很了不起、很有敬业精神的企业家，她舍弃了一切，把自己奉献给了企业，她对企业没有私心，她拥有敏锐的市场观察力、判断力，有着显赫的业绩……在这个以男性为主导的社会，女性在这个岗位上要付出很多，作为一个女性，她要领导一帮男士，怎么能够让他们信服她，那真的不是靠简单的亲和力，而是要靠智慧和实力的。可贵的是，董明珠比所有人都更加执着和拼搏，她的判断力很强，她做得丝毫也不逊色于男性。而最为罕见的是，董明珠很廉洁，她完全没有私心。一位下属说到她，佩服地说："很难找到像她这样无私和投入的人了。"

从某种意义上讲，董明珠是不可复制的。她的不可复制就在于她的精神难能可贵，无可复制。正因此，格力电器的员工愿意追随她，愿意在她的指挥下不断钻研、开发、精益求精，为格力电器的发展贡献自己的力量。董明珠就像一颗耀眼的明珠，带领着众人划桨。如今，她走得越来越坚定、从容。

专一化经营，要纵深不要横浅

写文章讲究“形散而神不散”，这个道理用于企业的发展模式上，就是多元化与专业化的统一。关于多元化和专业化孰劣孰优的问题，企业界和管理界一直是众说纷纭、辩论不已。格力电器也曾面临艰难的选择。

然而，面对空调行业是否“饱和”的问题，格力最终通过调查研究做出了决定：不能轻易进行“战略转移”。“伤其十指不如断其一指”，如果全面出击，不见得会减少风险，还有可能抓不住重点。只有把企业做大，巩固基础，形成规模，才有可能经受住国内和国际市场的竞争考验。

格力坚持走专业化道路，就好比“把所有的鸡蛋都放到了一个篮子里”，这无疑增加了市场风险。但也正是如此，格力会比别的企业有更大的压力感——别无退路，只有前进。

勇往直前的结果未必就会很坏。用朱江洪的一个比喻来讲，专业化的发展，就像一辆推土机，虽然走得很慢，但却非常稳重。

众所周知，格力成立之初，实力比较薄弱。为了避开如“春兰”、“华宝”等著名企业的锋芒，格力采取了“农村包围城市”的战略，直接放弃一线大城市市场，转而开发二线和三线城市和地区，在江、浙、赣、桂、湘、皖、豫、冀等省份树立自己的品牌形象，建立巩固的市场阵地。

这样的布局既规避了自己品牌的弱势，又抢占了潜在的市场，可谓是一举两得。20 世纪 90 年代，务实的朱江洪不仅在营销策略上避实就虚，连早期的产品开发也采取“跟随跑”的策略。那时，春兰空调在国内可谓如日中天。作为春兰的粉丝，格力一直在模仿它。尽管起步一直以春兰为榜样，但随着企业逐渐壮大，格力在产品研发和营销策略上，开始有意识地“以我为主”，这也是春兰这个昔日中国空调行业的领军品牌，如今在市场几乎销声匿迹的原因。

“避实就虚”策略实行了3年，格力的市场重心发生了变化，在巩固原有市场的基础上，开始向北京、广州、南京等一线城市逼近。同时，格力的海外战略也进入实施阶段。

1998年，格力的“发力”可谓是“高奏凯歌”。在全国各城市的品牌空调占有率中，格力占35%，春兰占11.2%，格力已经由“跟随者”变成“领跑者”，昔日菜鸟已然显现“行业老大”的风姿。

2001年，随着中国成功加入世贸组织，中国的企业必须面对国外行业的竞争，此时中国空调民族品牌林立，国产品牌逐渐占领了中国市场的半壁江山。

在1996年，经历40多天的梅雨期，华东地区遭受了一场百年不遇的灾害。空调遭遇凉夏，市场价格大战由此愈演愈烈，空调销售愈发困难。许多经销商开始要求降价，有的经销商甚至扬言说“如果不降价，格力今年死定了”。然而，董明珠非常沉得住气，她认为降价只是饮鸩止渴，专卖店牺牲安装维修，给用户提供的只能是劣质产品。董明珠宁愿让出市场。

那个时候，国产品牌之间、国产与国外品牌之间相互竞争，市场竞争格外激烈。价格战一次比一次惨烈，各种营销新概念如同雨后春笋，不断以“秒”的速度催生，降价血拼，媒体大肆渲染，消费者持币待购，一家又一家厂家必然相继落败……

董明珠从一开始就不打价格战，两败俱伤的事情，她坚决不做。价格低得就像买菜，这样的空调，谁能放心使用？为了保本血拼，一些厂家偷工减料，以次充好，产品质量差，信誉倒地，消费者因买到价格低、质量差的产品而蒙受损失，最后受伤的是整个行业。

2006 年，格力一反常态，在北京打出一张反手牌，“亮剑”让消费者明白其中曲直，请消费者开膛破肚看“内脏”。“唯价格论”实乃一种非常危险的行为，格力扬言要将“狼心狗肺猪下水”的特价空调全部清除掉。

专业化，就是格力决胜空调行业的底气。

用朱江洪的话来说，就是“格力一直很专一，我们专心研究空调，用心构筑企业的竞争优势”。董明珠则把专业化理解为：不仅“把所有鸡蛋放到一个篮子里”，集中精神看好这只篮子，更重要的是对每一只鸡蛋都要进行特殊护理，这样鸡蛋才能保存得更长久。

事实证明，20 世纪 90 年代进军房地产、汽车、网络等新兴产品掘金而失败的众多家电产业，最终还是回归主业。当它们卖掉了互联网、停掉汽车业、放弃房地产等业务时，格力电器已经在空调领域一骑绝尘、独步天下。

走专业化道路，也就是保持一种单纯的东西，越是单纯的东西，越需要百倍的努力去捍卫它。在捍卫它的过程中，要能耐得住寂寞，不能随波逐流。2002 年，美国著名财经杂志《财富》中文版对格力的专业化经营撰文报道：

作为中国空调行业的领跑企业，格力电器股份以 7.959 亿美元的营业收入、0.33 亿美元的净利润，以及 6.461 亿美元的市值再次荣登该排行榜第 46 位，入选《财富》“中国企业百强”，成为少数连续两年进入该排行榜的家电企业之一。格力不仅多项财务指标均位于家电企业前列，而且在2002年空调市场整体不景气的情况下，销售实现了稳步增长，销量增幅达20%，销售额及净利润均有不同程度的提高，这充分显示了专一化经营的魅力。

同样因为坚持走专业化道路，2006年格力向北京、广州、上海、重庆等大中城市投放了一款高档豪华的空调新品——“数码2000”，以其智能化的人体感应功能、安全环保的一氧化碳检测功能和独具匠心的外观设计，受到了各地消费者特别是中高收入阶层的欢迎，掀起了一轮淡季空调市场少有的抢购热潮。

“数码2000”凝聚了众多新的技术，历经5年的技术攻关和360多天恶劣环境的可靠性试验，不仅功能卓越，外观精美，而且稳定性技超群雄。

有人认为，当前全国空调市场出现了同质化倾向，这里要强调的一点是，专一化战略不同于同质化论断。专一化战略指的是差别化战略，是精品战略，不是等同化战略。专一化战略为企业以高端技术为突破口开辟市场和进击市场提供了一种实现能力。它将企业有限的人力、财力、物力、领导的关注力、企业的潜在力，集聚在某一方面，凸显和形成局部优势。这种战略能力将成为企业的一种核心竞争能力。

格力的专一化，使其专注于空调的技术创新，专注于精品意识的培育，专注于品牌含金量的锻造，专注于产品可靠性的试验和研究，专注于不同气候环境下产品适应性的提升。其突出表现在几个方面：

一、把质量隐患消灭在售前。据介绍，格力空调需要从国内、国外几百个供应商手里采购1500多种元器件，格力用了一个最笨的办法，就是挨个“过筛子”，对供应商提供的零配件进行检验和筛选。正因此，格力空调不仅按照ISO9000要求进行了过程控制，而且在国内第一个实行了可靠性实验，确保出厂产品就是放心产品，使产品的返修率控制在万分之一。

二、从整体上增加空调产品的高科技含量。目前格力空调以1000多个品种的产品队列稳占空调领域的中高端市场。之所以能形成这样一个格局，关键在于格力坚持专一化发展战略，形成了坚强的技术支撑。近年来，格力推出和实施的高科技技术就有6项：智能化人体感应技术、一氧化碳自动感应报警技术、智能换新风技术、数字直流变频技术、多折式蒸发器技术、数字化湿度控制技术。

这些从不同方面满足了消费者对产品的特殊要求。同时，格力空调在专一化经营的过程中，将“从满足顾客的需求出发，到全程、全部地叫顾客满意”作为自己战略的出发点和落脚点。“以顾客为中心”成了贯穿专一化战略的一条红线。这是专一化的核心，也是专一化的骄傲和光彩。这种吸引力带来的不是一时的顾客群，而是继发的顾客群。专一化经营所产生的品牌效应，不仅赢得了顾客的喜爱，而且具有一种品牌的影响力和震撼力。

近几年，格力的产值增长速度越来越快。1991年到2001年，格力的产值从4亿元做到56亿元；2001年到2010年，格力的产值从56亿元做到600亿元；2011年格力的产值增加200亿元至800亿元。

如今，格力的产品已经涵盖了家用空调和商用空调领域的10大类、50多个系列、500多种品种规格，成为国内目前规格最齐全、品种最多的空调生产厂家。格力电器2000年投放的“蜂鸟”、“蜂蜜”两款热泵型制热分体空调，其室内温度升到15～16摄氏度便不会再上升这一世界性的技术难题，经科研人员潜心多年攻关，终于取得了重大突破，彻底改变了空调制热依赖电加热的局面。这不仅降低了成本，而且满足了消费者的需求。事实再次雄辩地证明了格力走专一化道路的前瞻性和正确性。

其实，专一化和多元化之间并没有隔着一道万里长城。随着企业的不断强大，在实施专一化的过程中，面临众多的诱惑，很容易陷入多元化的误区里。这里主要有3种情况：

一、专一化下的多元化。很多企业误以为“东方不亮西方亮”，其结果是“东方没亮，西方也黑”，世界上著名的柯达公司就得到了这样的教训。

1985年，柯达开始了多元化的运作。耗资51亿美元购入了药品分部、家用清洁剂、临床诊断等三大副业基地，接着又花去24亿美元进行重建。这样既耗费了大量资金，又错过了新品开发的机会。直到1993年12月，乔治就任柯达总裁，采取了“返璞归真”，出售了三大副业，才甩掉了经营包袱，重新回到了专业化经营上来。通过同一产品的深度开发和衍生开发，柯达公司才走出了多元化的怪圈，重振雄风。

二、专一化中的分散化。即专一化经营中抓不住重点，有个十分生动的事例说明了这一点。在国外的某旅馆里装了30多台格力空调，但不久旅馆老板要求退货，原因是空调机身外壳出现了锈点。锈点本身并不影响空调正常运行，如果在国内，这事算不了什么，但要想走上国际化道路，就必须按照国际牌出牌。这是格力在进军国际市场时要找到的重点。格力因此每年增加了好几千万成本去更换外壳材料，最后成功开拓了国际市场。

三、专一化中的无序化。很多企业实行专一化经营，表现出了力量上的分散，工作重心的分散更显现了工作节奏的散乱。例如许多商业企业设计了过多的动感画面，满心想吸引顾客，但过于散乱，结果却本末倒置。

实际上，任何违背发展规律的多元化经营，都是要付出代价的。

董明珠说："我们发现走专业化道路，越走越宽。"别人担忧格力的业绩能否持续增长，她却认为，关键在于能否创造新产品，不断改善人们的生活。如果可以，那么企业才具有持续发展性，否则多元化也不可持续。

"除了飞机上的空调，任何环境下的空调，格力都能造，比如远洋货轮上的空调。"董明珠说，"格力正从家用空调拓展到商用空调，产品从公共环境拓展到特殊环境。另外，格力一直关注高、精、尖产品，如空调上游的电机、压缩机。中国的电机还不处于世界领先地位，但是格力有能力自主创新，所以格力同时在推进工业向前一体化。我们要做到2000亿元规模还需要6～7年，制定战略时，希望格力走向世界，用产品改善人们的生活，我们追求的不是做强者，要打败谁，同行之间不应该是你死我活，而是相互促进。如果怀着打垮谁的心态，是低级的竞争；如果怀着改善人们生活的心态，企业就愿意与大家共同发展，在竞争中相互取长补短，理念不同，结果就不一样。"

有人认为，格力的专业化会使产品太单一，影响经销商的业绩扩张和积极性。董明珠认为"只要产品好，服务好，即使店小，也会有市场"。她说如果一个公司大了，达到了一定规模经济，那也没必要无限膨胀，过度膨胀反而会因管理成本过度而不经济。关于做专还是做多，应该让"范围经济"来说话。因专业化而丧失必要的范围经济，就是太专，就应当多做；离开范围经济，一味地做多，这种多元化就没有优势。而不管是专一化还是多元化，如果你的目的不是为了满足消费者，而仅仅只是赚钱，那么哪一种形式都注定失败。

无论哪一种形式，都应该采取谨慎的态度，特别是在中国市场上，任何一个企业都不可能满足消费者的所有需要，那就需要集中资源和精力从某一个方面去满足人们的需要，或一部分需要，先有生存基础，才能得到长远发展。只有专注于某一方面或某一局部，并首先进行突破，才能让企业在竞争中增强实战和进击能力。格力的实践，生动地说明了这一点。

技术领域要有话语权

1996年开始，格力电器已在中国实现了全国销售量第一，但董明珠认为这个第一并不代表着具有强势的竞争力，因为只是一个简单的销售量第一，而在技术领域还没有话语权。她对格力的要求是，企业不要依赖别人贴牌加工，而是要有自己的技术，企业的属性是不要有附属性，而是要争取自己的主动权。

那么，拥有主动权的标准是什么呢？就是要掌握核心技术。格力依靠自己的努力，实践了这条路。

格力电器之所以走上争取自主权这条路，是起源于一次意外事件。在中国，有99%的家电企业都有与外资合资的影子，将别人的技术转化为自己的产品。当时格力也持有这样的观点。于是，董明珠带着一个天真的幻想去了。她希望以最简单的购买方式，直接从日本企业手中换取核心技术。这样，回到国内，格力就可以在竞争中赢得主动权。但是，日本人拒绝了她。他们说："我们的这种技术，是不会卖给任何人的，因为它现在是世界上最先进的技术。"

日本人的话深深地点醒了董明珠，让她真正意识到，跟外资合作无非是别人把即将淘汰的技术高价卖给了你而已，然后他们会有自己更新的产品、技术和你竞争。而且，他们在淘汰的技术里，能获取另外的利益。真正的核心科技是指望不上合资引进的，只能自己研发。如果没有技术，你就没有议价能力。

董明珠犹如醍醐灌顶，清醒地意识到，只有走中国创造之路，才能有中国制造的天下。

回到格力后，董明珠在痛定思痛中决定自主研发。格力电器为此付出了15年时间，并取得了可喜可贺的成绩。目前，格力电器已拥有专利3000多项，自己发明的专利就有300多项。格力对研发经费的投入，已经不是所谓的百分之几的比率，而是需要多少就投多少。格力每年花在科技研发上的经费早已超过20亿元。开发产品品种规格超过7000款，在同行业中遥遥领先。

短期内看，格力的投入大过回报，但是董明珠讲，格力赢得的必定是百年的发展和根基，她有这个自信心。2009年，格力反过来再次与日本企业大金空调合作，双方此时已完全站在了一个平等的地位上。合作公司以技术攻关为主，格力出资5.1亿元控股，日本大金出资4.9亿元共同研发。双方共同享有这家公司中产生的科技成果。

这种对等合作，是靠格力的研发优势换来的。格力电器在压缩机、变频技术等核心技术领域，都站在了技术领先的国际前沿。正因为如此，格力与日本大金的合资才可能做到“对等”。大金如果不与格力合作，他们今后在国际市场上就会遇到一个非常强劲的竞争对手，而双方合作，可以为双方带来技术、市场两个制高点，是一种双赢。

董明珠说：“我要搞技术，也一定是一个非常棒的技术人员。我对技术有一种天然的热爱。”正是因为她是销售员出身，所以她深谙“再优秀的销售技巧也不如产品本身质量过硬”这个道理。她出任经营部长时，就开始对格力空调做了严格的技术要求。

在竞争几乎白热化的家电行业，格力电器的业绩却是惊人的：到2010年，格力电器已经连续15年保持中国空调行业产销量、销售额、市场占有率三个第一，连续5年保持了全世界空调产销量、销售额、市场占有量三个第一。

格力之所以能取得如此大的成就，可以说，在于董明珠身上有一种把自己抵到墙角的精神。她明白，一个企业想要成功，不是靠别人的同情和谅解，而是要靠自己的一种坚持，靠自己的一种挑战。直白点说，就是要把自己抵到墙角里去，把自己逼到毫无退路。毫无退路，意味着要自断退路，让自己置之死地而后生。这样才能在空调全球业持续不断地向前冲。

格力是怎么做到把自己逼到墙角的呢？实际上在企业内部分了几个阶段：最早的时候，格力的口号是“8 年不回头”，这是当时提出的第一个口号。接着，格力又推出了“6 年免费服务”的口号，在售后服务上做努力。售后服务在市场上有两种概念：一是包修，一是保修。这两个概念很容易混淆。为了让消费者得到更多的利益，格力推出了“6 年免费服务”，这样逼自己，也要靠一种勇气。

2009 年通过自主创新，独立摸索，董明珠带领格力电器打破了日本、美国的技术垄断，摸索出一条独特的“格力模式”。其独特的区域销售模式被经济界、理论界誉为“21 世纪经济领域的全新革命”。金融危机之际，格力毅然放弃了贴牌，走上专业化道路。因此，这一年格力电器的出口减少了近 35 亿元，但利润却提高了 50%。

之所以在这种情况下还能有如此高的利润，原因就在于格力走了一条自主品牌的道路，通过产品的质量和技术，让消费者在使用过程中，真正感受到格力品牌的价值所在。

有人说，格力如今是世界品牌，但只做单一化空调，未免是一种品牌浪费。但董明珠认为，格力只将一个空调做好了，成为全球第一，就不是品牌浪费，而是品牌效益的最大化。2009 年，格力空调的国内占有率超过48%，出口量占到全国出口量的48%。

现在格力的技术在国际上都是领先的，而且很多都是员工自己的发明和专利，很多方面已经赶上甚至超越国际先进水平。比如大型机组，格力打破了外国企业在中国市场的垄断；变频空调，格力在国内第一个掌握了转速从5赫兹到120赫兹的第三代变频技术，性能远远优于第一代的“假变频”空调或国外企业卖给中国的第二代变频技术，达到世界领先水平，并因此入选2008年、2009年国家火炬计划。

“好空调，格力造”，走上国际化道路，让世界认识中国制造，是董明珠的一个心愿，也是格力未来30年要发展的一个重要方向。而今，日本、欧美等一些全球大品牌在世界范围内，其品牌信度在消费者心目中已经逐渐下降，世界开始关注中国制造，中国制造让他们越来越重视。

目前，对于领先技术，董明珠一点儿也不骄傲自满，时刻不敢放松。她说：“现在的技术肯定是领先的，虽然超越了别人，但我们的核心技术应该是超越国际的，比如离心机，按照国家同等条件下，格力节约30%能耗，这就是最先进的技术，但这种技术永无止境。掌握这种技术是不可以停步的，应该时刻有一种危机感。这种危机感不是来自于别人，而是来自于自己。只有不断地挑战自己，超越自己，推掉过去的自己，才能有更大的进步。”

目前，格力名誉上多了一个“世界品牌”的称号，董明珠对此很兴奋。她说：“这是对企业形象和企业过去的一种肯定，政府在评选世界品牌的时候，是有一种标准的，就是希望推动整个中国企业的竞争，而不是推动一个行业的竞争，我认为世界品牌是有一定的价值的。”

向智能转型才是未来的方向

格力早在2011年广交会上就已经推出太阳能空调，2013年第113届春季广交会上，格力展出的新型太阳能空调，因为率先实现了新能源在变频空调上的应用，备受海内外客户的青睐与关注。

2014年3月，万达集团董事长王健林未收取任何费用与格力电器董事长董明珠在央视“联袂出境”，主推格力中央空调新产品——光伏直驱变频离心机。在广告中，王健林表示，如果中央空调不用电费，那万达一年可以省下10亿元电费。此广告立即引起了巨大反响。

光伏中央空调运用的是何种光伏技术？光伏中央空调市场将如何？经济性是否划算？发电不稳定的光伏能否带动离心机？……

面对疑问，董明珠答道：“用的是太阳能，有一分钱电费不用花的空调，就是格力的光伏空调。”

放眼全球，学者和专家都在不断探索一条行之有效的利用可再生能源的方法，但是对包括太阳能、风能等在内的不稳定性结合可再生能源的利用却提出了难题。

以太阳能为例，提高太阳能转化为电能的效率，并利用太阳能直流电直接驱动空调，一直以来都是困扰空调企业最大的难题。

众所周知，董明珠一向追求技术创新，从来都舍得砸重金搞研发。格力光伏直驱变频离心机系统，结合传统中央空调及新能源光伏产业，通过关键技术的创新，实现了多项突破：一、解决太阳能直接驱动空调相关应用问题，提高光伏能利用率

6% ~ 8%，还可省去再单独配置并网逆变器的投资及场地安装费用，该技术已获得 15 项发明专利，具有颠覆性的创新意义，首次让中央空调不用电费，开创了空调的零能耗时代；二、直接对光伏直流母线进行 MPPT 控制，自动寻找到光伏电池的最大功率点，最大限度利用光伏电池；三、全直驱并网，实现公用电网、光伏系统与空调机组的无缝对接，能量在公用电网、光伏系统和空调机组三者之间自由流动；四、实现光伏空调一体化监控和自动化管理，达到无人值守和集中监控的目标。

2015 年 8 月 17 日，继造成首个国产核电制冷机组之后，格力空调正式入驻人民大会堂。首批格力空调永磁同步变频离心机正式交付，这是人民大会堂首次采用国产品牌中央空调。

人民大会堂的位置特殊，对中央空调的各项性能要求苛刻，必须在工作期间零失误。在此前的几次招标过程中，国产品牌一直因性能上的差距而被外资品牌击败。而这次，格力的直流变频离心机击败中外品牌，拿下人民大会堂中央空调项目。

有人说，格力永磁同步变频离心机是目前世界上技术最先进、技能最出色的离心机组，而格力推出的光伏直驱变频离心机则将新能源太阳能与永磁同步变频离心机结合起来。这就好比给永磁同步变频离心机这只“虎”插上了新能源的“翅膀”，不仅使其技术上世界领先，更有显著的生态环境效益。磁悬浮变频离心式冷水机组每年节约电能 14 亿度，节约资金 13 亿元，新增产值 64 亿元以上。

董明珠介绍，以应用于珠海格力电器总部的项目为例，一台 400kW 太阳能变频离心机每年 4—10 月投入工作，每天工作 8 小时，太阳能发电功率 340kW，则可省电 57.12 万千瓦时，可省燃油 14.41 万升或节省标准煤 199.48 吨。

此外，磁悬浮变频离心机一举克服了传统机械轴承式离心机能效受限、噪音大、启动电流大、维护费用高等一系列弊端，是一种更为节能、高效的中央空调产品，经专家组鉴定为“国际领先”，格力凭借首创的光伏空调核心技术抢占了全球制冷技术的制高点。仅一年后，定位于中小型建筑的格力光伏直驱变频多联机问世，格力新一代光伏空调正式踏足家用市场。

在上海新国际博览中心举办的 SNEC 第九届（2015 年）国际太阳能光伏展览会上，近百个国家的 1800 多家企业参展。在全球最具影响力、最为专业的国际化光伏盛会上，格力光伏系列产品引人注目，吸引了大批参展人员驻足围观。

实际上，随着节能环保理念的不断升温，国内外空调企业都开始着手研发光伏空调，极大地推动了光伏企业的发展，降低了建筑能耗。虽然投入研发企业甚众，但是有重大突破者却寥寥无几，格力属于环保光伏空调研发继而投入市场的佼佼者。

光伏空调将可再生的光伏能源与制冷设备相结合，蕴含着极为先进的环保理念，能够极大地减少化石能源消耗，为全社会降低能耗、减少二氧化碳排放量。同时，格力能够实现光伏发用电一体化和空调多余电量回馈电网，为用户带来显著的经济效益，对制冷行业的发展具有划时代的意义。

某外资企业负责人表示：“了解到这家企业在光伏领域的重大突破，我很兴奋，它使我们的光伏板应用有了更好的延伸项目，我们非常希望与格力就技术、产业化等方面进行深入洽谈合作。”

这次太阳能光伏展，室内外总计参展面积达 200 多平方米，除展出格力光伏直驱变频离心机、格力光伏直驱变频多联机外，还包括整套格力家庭智慧能源管理系统。

格力家庭智慧能源管理系统包含家庭智能控制和家庭能源管

理两个部分。系统除了能实现常规智能家居系统的所有功能外，还增加了格力独创的能源管理功能，使消费者在享受智能、舒适、合理的家居环境的同时，也能对家庭进行能量调度和管控。

在光伏展会的演示部分，格力工作人员通过手机实现了对光伏系统及全屋电器的轻松准确控制，手机上不仅能显示光伏系统发用电情况，同时能够显示全屋电器用电情况。

格力电器把握住了解决用电设备供电问题的新机遇，目前国家虽然在光伏产品研发生产方面没有特殊政策，但在光伏空调项目使用方面，国家分布式能源政策能够给予企业鼓励。

在《国务院关于促进光伏产业健康发展的若干意见》中明确提出，建设 100 个分布式光伏发电规模化应用示范区，1000 个光伏发电应用示范小镇及示范村，并出台了分布式光伏发电每发一度电补贴 0.42 元的政策。格力的光伏空调既可以作为空调，又可以作为一个分布式光伏发电项目加入到这场光伏产业大发展的浪潮中，积极推动国家光伏产业的发展。

目前，格力光伏直驱变频离心机和多联机都已经有成功的应用项目。格力光伏直驱变频离心机已签单 11 台，其中 10 台在国内，分别在保定、广州、石家庄、珠海等地，1 台销往伊朗首都德黑兰；格力光伏直驱变频多联机已签单 125 台，其中 17 台在国内，分别在天津、上海、珠海，108 台销往马来西亚。

可以预见，随着光伏发电成本的不断降低，节能减排理念越来越深入人心，格力光伏产品的市场前景将更加广阔。

“我们对研发技术投入没有上限。”董明珠经常说这一句话，“格力不是为了花钱来花钱，而是有了项目才花钱。”2015 年 8 月，格力电器与武汉蔡甸区政府签约，格力智能装备产业园拟投资 50 亿元，占地 1500 亩，分三期建设，建设周期 3 年，预计

2018 年建成投产。项目建设投产后，预计年产值达 100 亿元。该项目还将推动蔡甸区约 20 家格力配套企业做大做强，提供 5000 个就业岗位，实现综合税收 4 亿元。

2016 年，董明珠提及的话题已由“中国制造”变成“中国智造”。3 月 2 日，格力智能装备产业园在湖北武汉蔡甸经济开发区正式开建，标志着格力电器向“工业机器人”等高端装备制造业全面进军。湖北省委书记李鸿忠、省长王国生、武汉市委书记阮成发等领导和嘉宾出席了开工仪式。

在开工仪式上，董明珠致辞：“在新的改革时期，我们的发展方向在哪里，这对我们提出了新的要求。智能装备让我们摆脱了过去仅仅是空调专业化生产的模式，标志着中国制造向中国创造的转变。目前，通过 3 年的努力，格力智能装备已经涵盖自动化的多个领域，最重要的是，这是格力自主研发的，而不是买来的技术，这是我们的核心竞争力。”

“这个项目主要从事于工业机器人、智能自动化设备、高端数控机床、精密模具、大型商用空调、空调压缩机等产品的研发、生产和销售，是承载‘中国制造 2025’高端智能装备制造的重点项目，将成为‘绿色工厂、智能工厂、效率工厂’。”

当时的湖北省委书记李鸿忠在开工仪式上对格力给予了重大的肯定：“武汉要立志于打造成为全球创新基地，此次格力落户武汉，为‘十三五’的开局添了浓墨重彩的一笔。格力一直在智能装备领域坚持‘自主研发，精益制造’，当大家都在谈论‘互联网＋’的时候，格力立足于原创，从空调高端、智能装备转型，体现了一个敢于担当起中国造的大企业形象。”

做手机：跨界并非不务正业

2015年，格力手机第一代横空出世，立即引起公众的热议，首先，这是一款格力公司内部销售的手机，所以有些消费者可能会对其内部的一些不太习惯。其次，用户所见到的开机画面董明珠的头像是真实存在的，但却是“弄巧成拙”。董明珠的本意是只在第一次开机时把自己写的那段话告知消费者，但设计人员后来动作变形，把头像加入进来，最终还是投放了。

开机问候语：感谢您选择格力手机，这是格力跨进全球500强后推出的首批手机之一，它不仅可用于人际沟通，还将为您开启格力“智能环保家居”的大门。除此之外，还有“阖家幸福安康”字样，并在问候语下方有董明珠的“亲笔签名”。

其实这可以看作是一种跟消费者拉近距离、进行沟通的直接方式，是一种良苦用心。但因为它是第一次出现，所以立即引发全民热议。至于它的未来走向是对是错，时间会给出最正确的答案。

格力手机一代搭载1.2GHz高通四核处理器，5英寸720p屏幕，1GB内存，内置8GB存储空间，前置摄像头200万像素，后置摄像头800万像素，售价1600元。市场上暂时见不到格力手机的踪影，有人说因为销量不好。对此，董明珠是这么回答的：“手机是企业智能的需要，会一直做下去。”

目前来看，格力手机的发展形势并不明朗，外界也一片质疑声，但以董明珠的性格，绝不会就这样轻易放弃，她说到做到，绝不可能轻易拿手机这个事去砸自己的招牌，格力手机很有可能是她试水智能家居战略领域中必走的一步棋，格力的多元化布局已势在必行。

与完全依靠代工的小米、乐视不同，格力在珠海搭建了自己的手机生产线。格力市场部部长陈自力对《华夏时报》的记者说：“我们的手机一直自己做，不做贴牌手机。但格力手机的生产线并没有马力全开，产能还不够。”

这一席话其实揭示出格力在手机通信领域还缺乏自己的研发、软件及生态链系统。毕竟手机市场不比家电市场，家电企业可围绕产品、配置、渠道等方面做文章，但手机是介于耐用消费品和快速消费品之间的一个品类。董明珠希望做3年内都不用换的格力手机，但对一些人来说这似乎是不可能的。其实，一个东西能持久地使用，未必是一件坏事，至少证明它的质量是绝对有保障的。

对此董明珠说：“别人卖手机，卖了就是卖了，是易耗品，但我不这样认为，消费者都想买台手机可以用到几年，我们要做到以后从后台支持消费者，不换手机也一样得到升级，这是我希望为消费者做的。”

格力市场负责人也介绍，格力要做的不仅是智能手机，更是物联网手机。未来要连接能源、空气、水、安防四大系统，具备报告、预警、优化等作用，目前格力手机做到了对单品的控制，正在做到对不同家电产品的联动控制。

事实上，不仅格力，众多的家电企业都在抢建智能家居的入口，同样是家电企业的美的，选择了与手机企业小米合作。但格力的选择是自己制造一部手机，从这点上看，这跟董明珠的性格是极其相似的：要么不做，要做就自己做，而且要做好。她说：“我希望做出全世界最好的高档手机，格力二代不会跟小米比，以后要拼的是苹果。”

2015年12月举行的湖北格力经销商大会上，董明珠透露格力手机二代将在2016年3月上市。与格力一代手机的不同之处是，新手机将走高端路线，价格在3000元以上。此外，她还透露，格力手机二代将搭载高通骁龙820芯片，“格力在专利上曾备受伤害，所以在用到别人的专利时，要充分尊重别人”。

此外，董明珠依然坚持用头像做开机画面，她说，这是为了提高手机的公信力。其实，一个人拿自己的形象去宣传自己的产品，这本身就是一个对消费者极度负责的做法。这既是一种自信，又是一种对产品质量的执着。

一个做生意讲原则的人肯定也会受到别人的尊重。对此不少网友表示："尊重知识产权的表现，了不起"，"格力要出新手机了，苹果要小心"。

而在不久之前，高通宣布，已与格力电器子公司EWPE签署新的3G和4G中国专利授权协议，根据该协议，高通已授权EWPE开发、制造与销售3G WCDMA、CDMA2000和4G LTE用户端产品，但仅限于中国市场。

细数与高通签约的中国手机企业，恐怕只有格力手机是“没上船先买票”的，即产品还没正式上市就已签订专利授权许可，与高通签署专利协议，意味着格力每年要缴纳为数不菲的专利费，还没赚钱就先交费，就这一点足见董明珠的魄力。

由于格力第一代手机并未在市场中流通，有不少人开始怀疑董明珠的诚意，毕竟在竞争白热化的手机市场，仅靠上游供应商采购配件、代工厂制造产品，不仅综合体验不过关，更不要提科技创新了。但是今天，所有人都信了：董明珠是真的要做手机，而且要做好手机。

其次，根据国家发改委2015年2月的最新决定，相对新手机企业有一定专利庇护作用的“专利免费反向许可”已经废止，格力手机的起跑环境相比当年的小米，更为严峻。

专利许可绝不是需要噱头的营销事件，这意味着董明珠一开始就为格力手机选择了一条规范而严峻的道路。众所周知，专利已经成为整个手机行业的游戏规则和国际惯例。当年联想肯出 29 亿美元巨资从谷歌手中接盘品牌价值已大打折扣的摩托罗拉移动业务，就是看上了它的多项专利技术，以及与谷歌之间的知识产权交叉授权。

中南财经政法大学知识产权研究中心主任吴汉东表示，知识产权是国际经贸活动的“标配”，也是中国创新发展的“刚需”。虽然专利承载了法律保护创新的内涵初衷，但在激烈的竞争环境中，也早已成为与价格战并驾齐驱的商业竞争手段。

由此可以看出，从一开始，董明珠就要将格力手机引入规范之路。她对手机是要动真格的了，不知小米雷军怎么想？

但了解董明珠的人都知道她有知识产权情结。作为人大代表和格力电器总裁兼董事长，董明珠曾多次在公开场合倡议“加大对偷专利的处罚力度”，如果格力手机不能和高通达成专利协议而率先使用高通的相关技术，那在她看来，这跟偷别人专利是没有区别的。她肯定过不了自己这一关。

再者，对于知识产权问题，格力本身就有切身之痛。格力的专利几年前就被偷过。过去两年，格力一直在打官司，虽然最终获胜，但对方只赔了 200 万元，罚款数额远比不上给其带来的经济损失。在她眼里“创新的最大障碍是，专利被人偷走还得不到保护”。要知道格力每年投入的研发费用就超过 150 亿元，一旦专利技术被盗被仿，会给企业带来巨大损失。

因此，这次董明珠“没上船先买票”之举，不是前车之鉴被动而为，而是向世界示范的主动之举。她真心尊重他人的知识产权，也为公平竞争的市场做了示范。这种精神跟气魄，才是做好企业的关键。

与马云合作：互联网时代下的实体经济

董明珠说她跟马云是很好的朋友。然而这对朋友之间，却是一个线上一个线下的关系。线上很风光，世界瞩目；线下也不差，世界 500 强。说起线上线下哪个更重要？谁更合理？买谁家的东西更便宜？两人的观点却出奇地一致。

董明珠对马云说："没有实体，你活不下去。"马云也认为互联网离不开实体经济。

互联网时代具有很多意义，它给消费者减了很多矛盾，是划时代的变化，它改变了我们的生活方式和习惯。

说起合作，两人也挺有趣。马云说，你必须跟我合作才行。而董明珠说，是你必须跟我合作才行。

现在技术是不断创新和升级的，制造业要做的事情简直太多了，这个时代谁也不能改变，要生存就必须顺应它的发展。这才是正确的选择。董明珠说："没有马云不行，但全是马云就更不行了。"

究竟在这个时代，实体经济该干些什么？董明珠说，依然要坚持技术创新的道路，要改变别人。你领先了别人，只有用你的技术改变了消费者的使用，给他们带来生活的改变，这才是我们的价值所在。

在董明珠看来，制造业和实体店都是老虎，互联网是翅膀，要想如虎添翼，实体制造业必须夯实。在她看来，互联网只是一个工具，它改变了我们的工作模式，改善了工作环境，同时提高了我们的生活质量。因此董明珠又说，马云在中国绝对不能多，但董明珠越多越好。如果没有实体经济，只靠互联网，不可能成功。你在网上开一个店你就成功了？那你卖什么？互联网人能给国家、社会带来什么根本性的改变？

董明珠讲的话很有道理。中国如果多一些像她这样有追求、有理想、有魄力、有想法、为人正直、勇往直前、兢兢业业的企业家，何愁中国制造走不出国门呢？世界上又将出现更多的中国品牌，想想都是一件大快人心的事情。

一路走来，像她这种类型的企业家，其实还真的不多见。她完全不顾及个人利益，处处都在为公司考虑，为了公司，她贡献了很多，这样的人在全中国又有几个呢？所以，干工作如果多一些像她这样的人，对于中国制造业的发展绝对是天大的好事。

以前中国制造业在很长的时间里没有自己的品牌，在世界上也被认为是低质、低价的代名词。正是董明珠的执着坚持和努力付出，才使得格力走向了世界，并被世界所瞩目，任何国外的家电品牌都不敢小觑格力！得到这样的荣耀，怎是一天两天、一年两年可以做到的？

奋斗才能赢得未来，不能依靠别人。一个最成功的人，是能够给别人带来改变，能够让别人因你的存在而感到幸福的人。这也是董明珠一直坚持的原则。

曾经有很长一段时间，媒体发出谬论——同质化，董明珠认为这是不对的，一个企业家的精神和思想决定了这个企业的品质和产品，不能用同质化来说明一个行业。

在中国所有的家电产业里，格力是唯一一个没有进军地产行业的公司。在这个飞速发展的时代，地产占据了一个主流地位，它承载了中国的经济发展。但是，格力拒绝了，董明珠认为，格力一直在坚守实体经济，坚守实体制造业的发展。她认为，制造业最大的敌人是自己，是自己的良心。格力电器走出去的是技术、是服务、是文化，这才是走出去的真正价值。

如果说董明珠不是一个具有可敬工业精神的企业家，恐怕没几个人能称得上了。她希望每个人都能过上幸福富裕的生活，所以格力电器内每个人都可以拥有自己的股票，格力电器每年都分红；格力员工只要结婚，都可以拥有一套属于自己的房子。董明珠不做地产业，她强调的是自己的良心。这份良心真是太难得了！

毫无疑问，以马云为首的阿里巴巴的出现，对中国制造业的冲击非常大，许多实体店关门倒闭。线上的价格普遍偏低，对中国制造业来说，也是在冲毁他们10多年来产业升级的努力。电子商务的发展与传统零售行业的困境是不是一次零和游戏？运动式的促销活动，给整个社会的供应链、服务链以及消费增长带来了什么好处？如何才能让商家们在即使离开马云的状态下，也能很好地生存下去？这是每个制造业都必须认真思考和不得不面对的问题。

时代在发展，经济需要实体，也需要虚拟，但应该以实体为主，虚拟为辅，否则，“皮之不存，毛将焉附”。不管怎么讲，世间万物皆不可能离开实体而存活。

从这个意义上来讲，董明珠说马云一个就够了，而董明珠越多越好，这是她代表制造业说了句真话。董明珠毫无疑问代表的是制造业。一个时代的对决，两种观念的碰撞，一个玩虚拟经济，一个玩实体经济，代表这两种利益集团的人士，相信都会在心里暗暗地较量。

董明珠说：“制造业大家认为是赚慢钱的行业，互联网是快速致富的梦想。但是我记得马云讲过，互联网离不开实体经济，没有实体经济，互联网就是虚幻的东西。互联网经济希望把虚实结合起来，这才是真正需要的东西。过去小农经济或者小型企业的时候，可能互联网对它的影响不大，但现在，真正规模化的企业一定跟互联网有关。比如我们的产品，要为消费者服务，一年5000万台空调，如果没有互联网支撑，至少要有5000人维修。

新时代让消费者满意是我们的宗旨，有了互联网，我们可以零距离实现。举个例子，前段时间江苏有个消费者用了我们的中央空调多联机，他觉得很好，我们在总部已经通过数字分析发现这台空调存在隐患。通过数字分析上门为他服务，他一直很奇怪，一直说产品很好，没有问题。但是我们说一定有问题，现场我们根据判断找到那个点，给他搞好了。他特别开心。这便是互联网时代带来的新生活的变化。所以，制造业的发展在互联网时代可以助一臂之力，但制造业要有创新能力。如果依赖别人的技术，仅仅是加工厂，或者组装厂，互联网没有太大意义。在当下时代，实体经济是主力军，特别是我们做实体经济的企业，要耐得住寂寞，不要看到马云赚了很多钱就激动了，我也改行，放弃了原则和社会责任。坚守很重要，我们现在不是缺信心，而是缺坚守。"

董明珠说格力的发展靠的不是模仿，不是拿别人的技术或者跟别人简单合资，而是创造无数新技术，通过技术提高生活质量，改变生活条件，这才是实体经济的真正价值。格力想打造百年企业，而不是昙花一现的企业，只有有了实力，才可以通过自己的发展和企业的增量来实现企业的可持续发展。

董明珠一直坚守自己的原则，因为坚守，她在摸索的道路中才会不断创新。她说时代变了，所以她同马云合作了。互联网跟实体制造业是不是对立关系？她觉得不是，她认为就是一个助推。"双十一"期间，格力空调也搞了线上销售，一天就卖了超过 5 亿元。这对双方来说，实际都是一个非常好的合作。

也有人质疑董明珠，要完成 5 年内承诺 2000 亿元这样的目标，而现在马云带动起了整个互联网对实体经济的冲击是如此巨大，董明珠选择跟马云合作，是不是一种无奈之举？

董明珠回答道："为什么把它视为一种冲击呢？我根本就不觉得是一种冲击，我甚至认为它是一种推动。你认为它是冲击，就会很被动；你认为它是推动，就会很主动。我认为互联网给我们格力带来极大的转变，包括中央政府提出来的转型升级，因为有了互联网这样一个工具，我们的转型升级特别快。可能再有 3 年你到我的生产线上去，看不到一个人，那就是一个转型升级的成功。更多人弄出来干什么？过去是打螺钉，但我们认为要让他过得更幸福，更有知识，就会给他们进行再教育，帮他们转到一个用智慧、用思想的新岗位上去。比如说，我们对设备的维护保养是动脑筋的，那尽量把他培养成这样的一个人。我认为这都是互联网给我们带来的好处，为什么要否定互联网呢？如果有人说，马云把中国制造业带到沟里去了，那一定是因为它们自己的技术没过关，他们自己要深刻检讨。”

董明珠的意思其实很明显，任何制造业如果想借助于互联网这个平台飞起来，就必须先像牛一样踏踏实实地劳作。天空飞行，尽管风光无限，但不是每个人都能飞起来，也并不是每个飞起来的人都可以一直飘在天上永不坠落。最重要的，还是要靠自己的产品质量。

2015 年 11 月，历时两年建成的格力全球首家时尚生活馆在杭州开馆。杭州馆是动态和静态的一种结合，是董明珠思索“互联网 +”后格力电器的产物。之所以建立生活馆，是因为董明珠希望它是格力和消费者之间零距离的互动。线上销售存在诸多缺陷，很多东西缺乏安全感，线下生活馆可以决定服务效果。多方位的服务方式，可以让消费者感受到亲切的存在，参观者可以享受“家庭式体验”、“一站式购买”、“一对一销售”等。

未来的新时代生活，极有可能是实体经济在互联网的助推下，创造更美好的局面，让我们拭目以待。

陶华碧：

“老干妈”就是我的名片

人要有志气，要自尊、自爱、自强、自信。先做人，后做本，你人都不会做，怎么经商呢？诚信做人、诚信经商、诚信纳税，你就不怕，我们要子子孙孙这样做下去。

——陶华碧——

我不用名片，“老干妈”就是我的名片

关于名片，其起源于交往，我国封建社会便出现了最早期的名片形式，被称为“谒”。后来随着时代的变迁，名片经历了“拜帖”、“名帖”等的发展，一直到清朝才被正式命名为“名片”。由此可见，名片在我国已有非常悠久的历史，并且在生活及商业交际中扮演着相当重要的角色。

名片对一个普通人来说可能并没有太大的作用和影响，但对一个企业家来说，却是必不可少的。

一张小小的名片是信息时代的联系卡，能够让接受者最快速度地了解名片主人的信息以及公司的基本情况。可以说，名片对一个企业家来说，是非常重要的，甚至有时候影响着企业的运作。一张好的名片不仅为企业主带来美誉，更可能为企业带来丰厚的收益。

“老干妈”公司走上发展正轨之后，公司也收获了诸多荣誉，

领头人陶华碧的生活也因此改善了许多，早已经不再为生活而疲累奔波了。可即使如此，她也从没打算就此停下来静享清福，而是继续风风火火地管理着几千号人的大公司。

陶华碧一手将公司业务管理得井井有条，她自信麻辣酱就是公司的招牌，更是自己的名片。

有一次，一位香港商人来“老干妈”公司考察，他对陶华碧十分敬仰，递出自己的名片给陶华碧以便能在今后做更深层次的交流。没想到，陶华碧微微一笑，摆手说道：“抱歉，我不用名片。”那位港商很是惊讶，不由得感慨起来：“您是我见过的唯一没有名片的董事长。”陶华碧一笑作答：全国各地，能吃辣椒的人有几个没吃过“老干妈”麻辣酱呢？“老干妈”不就是最好的名片吗？

在陶华碧的眼里，名片不只是一个人的基本简介，写着名字、电话、邮箱和职位等信息的简单介绍，而是最能代表一个人、一个企业的形象的东西，然而一张小小的名片纸上是写不下这么多内容的，所以她干脆选择不用名片。

但是，很显然名片是一个生意人不得不用的东西，陶华碧做生意多年自然明白这个道理，可她宁愿相信产品会说话，也不愿意用一张薄薄的纸来代表“老干妈”的态度。

可企业家总得有名片才行，那就用“老干妈”麻辣酱来做名片。既然是名片，肯定就要有辨识度，至少要与众不同，要有特色。对陶华碧来说，普通名片上的东西自己也看不懂，与其怀揣这些自己完全不懂的东西还不如让自己遍布全国各地的“老干妈”麻辣酱来为自己做代言。

随着“老干妈”企业的持续稳定发展，“老干妈”麻辣酱的品牌也开始广为人知。但是，产品卖得好的同时，假冒的也出来了。最多的时候，全国各地的市场上每年差不多有 50 多种假冒

“老干妈”的，这是陶华碧最为头痛的事。

“老干妈”是她的名片，可是假冒“老干妈”是不是也会被人们误以为是她公司生产的“老干妈”？那不是给自己的名片抹黑吗？

对于那些假冒“老干妈”的，陶华碧铆足了力气打假，坚决不留余地。虽然假冒“老干妈”的就像韭菜一样，割了一茬又生一茬，但她却从不放弃。最过分的是湖南的一家“老干妈”，无论陶华碧如何打击，其依旧我行我素。陶华碧不依不饶地与这家“老干妈”打起了官司，且一打就是3年，中间经历了道不尽的波折和心酸，但陶华碧坚持不懈，始终不放弃专利权。

最终，陶华碧的“老干妈”终于击败了湖南的“老干妈”。这一回，陶华碧吃一堑长了一智，2003年5月她的“老干妈”品牌获得了国家商标局的注册证书，成了独一无二的真正的“老干妈”。这张名片也算是被她真正地攥在了手里，成为最闪亮的代表。

仅2013年，“老干妈”企业产值达37.2亿元，上缴税金为5.1亿元。陶华碧这个没上过一天学的农村“老太太”，把一个民营公司办到这种水平，不得不令人赞叹。

名片就是企业的形象，产品也是公司的名片，所以维护好名片就维护好了企业的未来。

从来不用名片的陶华碧说“老干妈”麻辣酱就是她的名片。这不只是霸气，更多的是她对产品的自信，对自己所经营的企业的一份坚强的信心，因为好产品会自己说话。

产品是“老干妈”的王牌

邓小平同志说过:“发展才是硬道理。”今天，产品质量就是企业的生命，已成为一个企业在市场中立足的根本和发展的保证。产品质量的优劣决定产品的生命，乃至企业的发展命运。没有质量就没有市场，没有效益，更不可能有发展。因此，质量是发展的硬道理，特别是当今世界经济正处于低迷时期，更要狠抓产品质量，才能做到以质取胜，立于不败之地。

陶华碧对自己的“老干妈”麻辣酱系列产品非常有信心，在她开凉粉店时客户对凉粉没有麻辣酱就会转身走掉这一态度，就足以证明其麻辣酱的潜力之巨大以及质量之可靠。创立公司之后，她更是亲自上阵，严格把控产品的生产细节，确保生产过程中环境的卫生以及产品自身独特的风味，因为只有保证质量才能让企业真正走上可持续发展的道路，其他任何的投机取巧都只能是暂时的风光，之后只会让企业加速地走向灭亡。

公司成立后的几年，“老干妈”系列麻辣酱得到了迅速而稳定地成长，产品被销往全国各地，无论是大超市还是小卖部都能看到“老干妈”那熟悉的身影。如今，“老干妈”风味麻辣酱已经远销美国、加拿大等 40 多个国家和地区。

“老干妈”的平均库存时间是 10 天以下，每天的出库量大约是几万吨，公司成品库门口每天都有车辆在等候装货。

究其原因，我们可以看到，一丝不苟做产品的态度是当中最重要的因素，“老干妈”的创始人陶华碧不允许产品出现一丝一毫的纰漏，质量过关，才能获得人们的喜欢与支持。

“老干妈”公司有一项“铁律”，那就是永远都坚持一手交钱一手交货，绝不赊欠。尽管如此，还是有很多的代理商排着队等待发货。

还有一条就是“老干妈”卖货是以车皮为单位，量小不发货，即使如此，代理商们的热情仍然非常高涨，因为“老干妈”的质量和销路，大家进货的热情自然高涨。

如果“老干妈”产品的质量跟不上，是不可能有人去接受那近乎严苛的条件，消费者的喜爱才是最终的目标，而想要赢得消费者的心，就得在产品质量上苦下功夫。

显然，“老干妈”做到了，以质量打动人心，赢得市场。

纵观陶华碧创业的历程，我们不难发现，她是个“‘三无’人员”：无文化，无背景，无依靠。仅凭一身手艺，逐渐摸清了一个行业，并成为行业翘楚，这其中离不开她个人的努力，更离不开她对自身严格的要求，以及要做行业第一的那份执着。

一直以来，“老干妈”都被外界称包装“土”，可就是因为这个“土”，陶华碧挖掘出了“土”对消费者的利益点：一分价钱一分货。包装便宜，那就意味着消费者花钱买到的实惠更多，省下来的可都是真材实料的辣酱，老百姓居家过日子，不就是图个实惠吗？辣酱又不拿去送礼，自家吃根本用不着考虑好不好看的问题，味道好就行了。

当“老干妈”逐渐走进千家万户，陶华碧的生意越做越大，但在产品的把控度上，陶华碧的做法不同于许多同行业厂家，那就是她不接受代理商的退货，一旦卖出就是一手交钱一手交货，不论对方卖得如何，自己只会一直生产产品，而不接受退货。

事实上，“老干妈”的退货率相比其他品牌低很多，不接受退货的政策对经销商的影响也不大，“老干妈”的销量一直很好，压货的情况很少。“老干妈”这坚定的自信，是来自于其产品质量。

从起家时向玻璃厂几十元的零散采购，到如今超过千万元的日销售额，“老干妈”始终坚持现款现货的原则，就连收购农民的辣椒也不例外。

要想成为“老干妈”的省级代理门槛非常高。“要给总公司一两千万的保证金，证明你有这个实力做代理。”做省代理的林先生说：“仅广东地区，每年的销售额都能达到3亿到5亿。”即使其占全国1/10的销售额，代理商仍然没有争取到账期的“特权”。

据业内专家分析，这是由于“老干妈”不存在同业竞争者，这一点也得到林先生的肯定。他说自己经销“老干妈”十几年，眼看其他品牌起起落落，只有“老干妈”一枝独秀。“即使是现款现货，代理授权也很难拿。”

林先生说，经销商收到的超市退货很少是因为质量有保证，退货的原因主要是并不影响产品质量的包装漏油。而“老干妈”的退货率相比其他品牌也不高，就3%左右。林先生坦言，公司不接受退货的政策对经销商的影响也不大，因为“老干妈”的销量一直很好，压货的情况很少。

“老干妈”这股坚定的自信，从其不打广告亦可见一斑。

“老干妈”在营销推广上几乎没有什么投入。陶华碧曾在接受采访时坦言：“我从来没有打过广告，靠消费者的口碑一个传一个，有华人的地方就有我们的产品。”

而据林先生回忆，他所在的贸易公司成为“老干妈”广东地区的经销商时，也正值“老干妈”的起步时期。在总公司只靠口碑营销的态度下，急于占领市场的地方经销商会自己制作广告想办法投放，“但都是我们自费来做”，林先生这样告诉记者。久而久之，他们也放弃了广告推广，因为这样不仅增加成本，而且更重要的是，“老干妈”只靠口碑就能获得销量的爆炸式增长。“1998年到2004年，感觉就像突然发酵了一样，销量猛增。”林先生如是说。

这样的成绩对于一两年才进行一次产品更新的“老干妈”来说，更显出一股强大的威力。占据“老干妈”辣椒酱销量前三的品种，常年不变。“公司对于推出新品是很谨慎的，其他品牌不断推出新产品抢占市场的方式，对于‘老干妈’来说没必要。”林先生称。

贵阳南明“老干妈”风味食品有限责任公司自1997年成立以来，在贵州省、市、区各级党委、政府的支持和帮助下，全体员工秉承“诚信为本，务实进取”的企业精神，通过多年的艰苦创业，不断奋进，取得了相当傲人的成绩。如今的“老干妈”已经发展成为全国知名企业、国家级农业产业化经营重点龙头企业，并且拥有日产200多万瓶辣椒制品的生产能力，主要产品有风味豆豉、油辣椒、鲜牛肉末、水豆豉、风味腐乳等20余个系列，目前已经成为国内产量和销量最大的辣椒制品生产企业。

有记者曾经采访过陶华碧，问她有没有想到公司会发展到现在这种规模。她答说，完全没想到，但是经过这么长时间的努力，她已经预料到公司未来只会是朝着一个越来越明朗、越来越好的方向发展。

至于为什么会如此坚信，陶华碧的说法是这样的：“只要人一步一个脚印地走，就算是再看不清的未来也会变得越来越清晰。”而产品就是“老干妈”手中最重要的王牌。

不促销，不推广，口碑赢得市场

俗话说“金杯银杯，不如老百姓的口碑”，没错，老百姓的口碑是真真切切的，是用钱买不到的。

“全世界有华人的地方就有‘老干妈’”，这是民间为“老干妈”创造的广告语。

2012年，“老干妈”登上奢侈品折扣网站Gilt，在国外被译作“Lao GanMa”，有的翻译为“The god mother”，并被誉为全球顶级的辣椒酱，当时在微博上掀起了一阵讨论热潮，甚至被戏称为“一秒钟变格格”。1997年，陶华碧成立了贵阳南明“老干妈”风味食品有限责任公司，经过近20年的发展，这家企业将一瓶不足10元的辣椒酱打造成中国辣椒酱品牌代言者，着实令人称奇。

在靠宣传打天下的快速消费品行业，“老干妈”几乎是另类，各类媒体上几乎看不到“老干妈”的广告。陶华碧称她在营销推广上几乎没有投入，仅靠消费者口碑传播。此前“老干妈”相关负责人曾表示，“老干妈”在广告上的投入连续几年为零。

不靠广告，只靠口碑就能做到国内外知名，几乎到了“有华人的地方就有‘老干妈’”的地步，不得不说口碑传播是比广告更快速深入的传播途径。

一位“老干妈”的经销商透露，他所在的贸易公司成为“老干妈”广东地区的经销商时，正值“老干妈”的起步时期，在没有进行广告宣传的情况下，“老干妈”迅速占领广东市场，每年的销售额在3亿元至5亿元之间。

良好的口碑传播是“老干妈”得以成功的关键，“老干妈”的口碑传播多是由消费者在积极推进。事实上，最早的“老干妈”口碑传播来自于海外留学生，“只有在生病时才能吃一点从国内带去的‘老干妈’”成为一个成功的口碑传播样本。此后，随着网络的兴起,“宅男女神‘老干妈’”又成功助推“老干妈”的口碑传播。

“老干妈”几乎是麻辣酱行业里第一个成规模的企业，多年来一枝独秀，持续的终端传达形成了消费者的固定印象：“老干妈”就是辣椒酱的代表，是消费者的记忆性首选品牌。

“老干妈”系列占领了佐餐消费群体的习惯性消费支出，其主流价位区间基本在五六元一瓶、七八元一瓶以及九元、十元一瓶，同时利用强大的终端消费者品牌认知，构建起对主流消费群体的有效满足。这样，“老干妈”通过充分利用规模优势以及品牌优势的综合力量，最终使竞争对手无论从力量积累还是从规模发展上都难以真正形成对“老干妈”的挑战。

价格上“老干妈”已经形成了既定的优势，一些企业采用“消费群体定位”的目标市场差异化策略，走学生路线、礼品路线、特产路线等，也取得了一定的发展，但是整体来看“老干妈”仍然遥遥领先。

很多品牌喜欢从多方面入手，导致的结果是“全而不精”，没有真正走进消费者的心里去，品牌的形象也不够深入人心。而“老干妈”发展至今，扩张的只是生产规模，产品链从不随意扩张，迄今为止也只有二十几种产品，且基本都是豆豉、辣酱一类的。“老干妈”要做的是将某一行做深做透。

“老干妈”之所以受欢迎，消费者之所以愿意口耳相传，究其原因无外乎产品专一且价格合理。

“老干妈”产品配方虽然有一定的独特性，但并非其他同类产品无法超越的，其成功之道在于“‘老干妈’一直坚守自己的风味特点，10余年不变，让品牌深深植根于消费者心中”。从某种程度上来说，“老干妈”多年来始终如一的坚守甚至改变了中国消费者对辣椒的接受度和依存度，改变了相当一部分国人的口味。

所以，品牌的强势与否，不在于有多少种类的产品，而在于一个产品能够产生多少有黏性的消费者。

“老干妈”要做行业的标杆，并不一味以做大企业为目标，以身作则，好坏都留给顾客来评说。

再回到口碑营销这个话题上来，所谓口碑营销是指企业努力使消费者通过其亲朋好友之间的交流将自己的品牌传播开来，其特点是成功率高、可信度强。从企业营销的实践层面分析，口碑营销是企业运用各种有效的手段，引发企业的顾客对其产品、服务以及企业整体形象的谈论和交流，并激励顾客向其周围人群进行介绍和推荐的市场营销方式和过程。

“老干妈”系列麻辣酱之所以卖得如此火爆，这跟陶华碧“产品为王，口碑至上”的理念是息息相关的。

“老干妈”一共20多种品类，每一品类都是陶华碧亲力亲为的心血。陶华碧说：“我的辣椒调料都是100%的真料，每一个辣椒，每一块肉都是指定供货商提供的，绝对没有一丝杂质。”她从不偷工减料、以次充好，用料、配料、工艺拿捏，添加了许多讲究，保证产品能够俘获顾客的舌尖。

群雄崛起的时代，渠道、终端、品牌，各自被梳理成市场营销的主线。但“老干妈”一直行走在营销的原点，致力于产品的质量。商品是以产品本身为消费者提供服务的，一切营销的手段及方法，都只是提供了一个让商品到达消费者的渠道，而商品本身才是消费者最初的希望。

用口碑传播是最有效、最快捷，也是最经济的营销方式，但不是任何企业都能做得到的，只有将产品的质量提升到一个绝对高度的企业才能得到消费者的信赖和支持。

外界说得最多的，是“老干妈”从不打广告。的确,“老干妈”从不在广告上花一分钱，但从一开始，“老干妈”就形成了一种别样的销售路子。

1994年，那时候的“老干妈”还无人知晓。贵阳修建环城公路，昔日偏僻的龙洞堡成为贵阳南环线的主干道，途经此处的货车司机日渐增多，渐渐地，他们成了陶华碧“实惠饭店”的主要客源。而陶华碧的商业智慧也是从这个时候开始得到了发挥，她向司机免费赠送自家制作的豆豉辣酱、香辣菜等小吃和调味品。司机们因为常常长途跑车，不能按点吃饭，于是，一个馒头夹着麻辣酱就能将就一顿，时间长了，这些司机都对陶华碧怀有感激之情，同时他们也将口碑传播到全国各地，这也是“老干妈”麻辣酱大受欢迎不可或缺的一条宣传途径。

货车司机们的口头传播显然是最佳广告形式。一时之间，龙洞堡“老干妈”辣椒酱的名号在贵阳不胫而走，很多人甚至就为了尝一尝她的辣椒酱，专程从市区开车来公干院大门外的“实惠饭店”购买。

找对了渠道，就相当于一种自我推广。从创业之初以贵阳地区为中心的小范围做市场，到“老干妈”辣酱口味走出贵阳得到普遍认可，“老干妈”开始进军全国市场。

在2007年9月荣获“中国驰名商标”后，“老干妈”品牌逐渐走向成熟。当“老干妈”在大陆市场站住脚后，又逐渐向香港、中国台湾、日本等地拓展市场，到目前为止已经拥有40多个国家的海外市场。

“老干妈”每天都会生产出大约200多万瓶辣椒酱，由始终等候在厂区的卡车拉走进入销售渠道，然后迅速被发往中国各地的大小超市，以及遍布 5 大洲的 40 多个国家和地区。娃哈哈贵州分公司一位渠道经理说："有华人的地方，就有'老干妈'，它最大的意义是提高了华人对辣椒的接受度和依存度，改变了华人的口味。"

铺货是新产品上市"临门一脚"，这方法虽然原始，但却是"老干妈"推广产品的绝招。

时间长，铺货广，从而形成了高度的品牌曝光率，直接促成了即时的现实销售。

全世界有华人的地方就有"老干妈"，这是民间为"老干妈"创造的广告语。"老干妈"不仅是我们生活中常见的佐料，对于一些人来说，其甚至是生活的必需品。

学生时代，常常"老干妈"拌饭就是一顿。在南海填岛礁的工人们也会常常"老干妈"拌饭。美济礁建设工人、网友"阿梦里温柔乡"说，他在美济礁上工作了 10 个月，工作十分艰苦，有的人整天冒着烈日泡在海水里，腿都水肿了。此外，岛礁上的伙食也是一个难题，肉类变质快，建设工人就天天"老干妈"辣酱做伴。

由此可以得出，"老干妈"火遍全球还有一个核心的秘密，就是百搭。口味适中，不是特别辣，南北方不同区域的人都可食用。

到 2013 年"老干妈"已拥有 2000 多名员工，日产辣椒制品超过 130 万瓶，在全国 65 个城市均建立了完善的销售网络，发展成为全国规模最大的辣椒调味品生产企业。

盛名之下，"老干妈"几乎成为行业里的一枝独秀。据有关资料统计，中国民营企业平均寿命仅为 7.2 年。快速成长，亦快速衰退。已坐上行业头把交椅的"老干妈"似乎跳出了这样的怪圈，这与"老干妈"多年来的埋头苦干密不可分。一路直行已经成就了其在全国各地范围内高达60%以上的覆盖率。

这一现象说明“老干妈”的战略方针和范畴是相对精准的，首先，拥有独特的标签，那就是麻辣酱，佐餐调料。其次是精准的定位，日常用品，每天都能用得到。

一个企业要发展壮大，少不了品牌的建立。品牌建立的战略范畴，有单一、混合与独立3种模式。

“老干妈”如果效仿宝洁的多品牌战略，对新产品按照各种不同的系列采用新品牌，这样不但可以在无形中增加产品在有限货架空间上的生存机会，也可以给顾客以更多的选择机会，从而提升顾客的满意度和依赖性。但实际上，在麻辣酱产品是否需要多元化的这个问题上，很多企业在实施时都要看是否满足3个基本条件，那就是业务的相关性、企业核心竞争力的共享性和良好的成长性。当前的中国调味品行业已经处于饱和的状态，各种门类和品牌五花八门，令人应接不暇，但行业内知名的却很少，“老干妈”系列在这样的形势下，能够专注于精耕细作，并且瞄准细分市场，实施高度专业化，将自己的品牌继续打造得深入人心，这一点值得很多创业类的公司学习，盲目扩大品牌有时候并不是好事。

目前市场上的“老干妈”系列产品有：风味豆豉油制辣椒、红油腐乳、火锅底料、香辣菜（袋装）、油辣椒、香辣脆油辣椒、香辣酱、辣三丁油辣椒、干煸肉丝油辣椒、精制牛肉末豆豉油辣椒、肉丝豆豉油辣椒、风味鸡油辣椒、风味糟辣椒、风味水豆豉、香辣菜（瓶装）。

“老干妈”产品的品种并不多，但却将每一样都经营得有模有样。这其中不仅有定位准确，还有竞争的原因。

竞争是每个企业都避免不了的，企业要蒸蒸日上，要发展迅速而平稳，就要学会赢得竞争，在竞争中立于不败之地。

“老干妈”以诚信为本，构建自己独特的标签，精准的市场定位，这些都为“老干妈”赢得了更多的信赖和支持。

企业要让做出的产品受欢迎，就必须学会培养顾客的习惯。培养的过程要从几下几点着手：

第一，心智定位。所谓心智定位，就是要让客户记住你，认准你。当想买你这类东西的时候，心里第一个想到的就是你。

“老干妈”在这方面做得非常好。很多人在吃米饭的时候，如果不方便吃到菜就会选择“老干妈”拌饭，这个吃法在学生中相当流行，既美味又省钱。不止学生，很多人在选择佐餐调料时，都会第一个想到“老干妈”麻辣酱系列。“老干妈”做到了这一点，当然重复购买就不在话下了。

第二，眼球经济。所谓眼球经济就是要吸引客户的注意力，无论是产品的包装还是广告语，或者是产品的使用情况、体验和感受，都要做到极致的优化，目的是让顾客能够快速地记住，并且在使用后对产品留下更深刻的印象。

“老干妈”在产品包装上追求的是至简主义，包装瓶几乎从来就没有什么变化，桶式的广口瓶，红色的标签图，简单而极富个性，让人能够一眼就记住。基于此，“老干妈”的麻辣酱系列才能在众多的产品中做到脱颖而出。

第三，粉丝经济。通俗地说，就是让你的客户知道你，认识你，信任你，尊重你，跟随你。等你的客户真正成为你的粉丝，那何愁卖不出去产品。

大家都知道，粉丝是一个极为特殊的群体，他们会无条件地支持自己喜欢的东西。所以“老干妈”打造的是粉丝，抓住粉丝的心理，就赢得了市场。

第四，朋友圈经济。朋友圈经济就是让你的客户变成你的好友，这样你在客户的心里，地位将更加牢固。如果做了朋友，那么信任感和依赖感也会成倍地增加。“老干妈”用做朋友一般的态度，谦逊温和，为自己圈了一大批的朋友。

第五，试销经济。试销这个方法是陶华碧在早期做过的，每天背着麻辣酱到周边的市场和饭店去推销，具体的方法就是先放几瓶麻辣酱在别人的饭店里，如果有人买了就算，没人买了再退回，或者是有些饭店试吃后觉得可行，就买几瓶留下。这样做的结果是，不到一周时间，大家都纷纷要求再送货过来。所以说，试销也是非常重要的途径，让顾客的习惯慢慢改变过来。

以上几点，“老干妈”都有涉及，她用自己的智慧和所谓的“土办法”来征服一群人的味蕾，改变大家对佐餐调料的看法，赢得消费者的口碑。

作为创业者，对于培养顾客习惯这件事，一定要重视起来，因为顾客的习惯决定了你的产品是否可以获得消费者的青睐和支持。一旦顾客对一个产品的习惯养成，就很难再选择其他的同类品牌或者产品，而只会认准一直以来习惯的，所以创业者应该用卓越而长远的眼光来看待当前的社会经济和产品类型，并设计符合销售模式的产品，让顾客的消费成为习惯，那么这款产品就算成功了。

“老干妈”没有从书本上学到什么文化，却用自己多年来积攒的生活经验带来了一场前所未有的头脑风暴，让一瓶小小的麻辣酱走出了国门，至少走进了华人的心里，成为饭桌上的“常客”。

能做到“有华人的地方就有‘老干妈’”着实不容易，这是属于陶华碧的荣誉，更是“老干妈”公司全体职工努力的结果。“老干妈”凭借着自己的产品，不促销，不推广，用消费者的口碑实实在在地赢得了市场。

不换包装，“老干妈”卖的是味道

在百姓经济中，辣椒酱产业虽然只是一个附属于农副产品加工产业的小行业，却对满足群众的日常生活需求起到了相当重要的作用。整体而言，我国辣椒酱行业供大于求、产能多余的现象仍旧持续，市场辣椒酱价格走势低迷。纵观整个产业链，辣椒酱行业的地区分布差别明显。不同范围内的企业在市场中的竞争也日趋剧烈。企业必须找准适合自身的市场定位，拟定有差别的竞争策略，才能在竞争中突出特色，并发展壮大。

“老干妈”作为国内辣酱品牌的龙头老大，自身也曾不可避免地存在一些短板，比如在北方市场表现平平，这是为何呢?

首先，“老干妈”和本地麻辣酱相比，有外来之嫌，本地人一时适应不过来，或者觉得根本不对味。

“老干妈”公司曾经派人去北方地区一商场调研，最后的结果是，大部分人会买本地货，因为本地货口味更适合本地人，“老干妈”虽然名气大，但销量上却输给了本地货。

第二，“老干妈”包装太“土”。

商场里的买家经调查后，大致的问答都是：“‘老干妈’包装不上档次，看上去太土了。”

“换包装？”“老干妈”说，“不换，换了得涨价！”

“老干妈”就是“老干妈”，她立即否认了换包装提案，说：“我卖的是味道，不是包装。我的辣椒的调料都是100%的实料，每个辣椒、每块牛肉都是指定供货商供给的，绝对没有一丝杂质，每卖一瓶辣酱，我只赚几毛钱。我不能昧着良知将价钱往上涨，而消费者多付了钱只是多了个好看而无用的包装。”

从小苦到大的“老干妈”心疼消费者的每分钱，因为她永远也忘不了年轻时因买不起一个一毛钱的包子，孩子们饿得嗷嗷大哭的情形。在身价超过 13 亿的今天，“老干妈”依然舍不得多花一分钱，她就认一个死理：消费者喜好的是她的辣酱味道，不是包装，因为包装好就意味着要多花钱。

碰上一个如此不懂品牌包装的“老干妈”，职员们也没辙。

又有人建议“老干妈”换新的销售员，换更会促销更会说话更懂得客户心理的促销员。

“不可，上了促销员就得增加本钱，我们不涨价就得赔本，涨价了消费者并没有获得更好的味道。我的辣酱味道好，酒香不怕巷子深，消费者必然会承认我的。”“老干妈”又果断地反对了这个方案。

“我卖的是味道，不是包装，我的包装只花 3 毛钱。”这是陶华碧一直坚持的信仰，就是“土”，她要将“土”卖出新的高度。

包装“土”，那就发掘出“土”对于消费者的好处。首先，包装廉价，就意味着消费者花钱购到的实惠更多，一分价钱一分货，这个货是真材实料的“辣酱”啊，百姓居家过日子，不就是图个实惠吗，味道好就好了。

在经过各方的考虑和协调之后，陶华碧坚持不换包装，不提价格，只在口味上做提升，最终实现了和本地货平分秋色，各占一方天地。

很多产品不在质量上下功夫，却将心思都放在外包装上，以达到高端大气上档次的目的，但“老干妈”却反其道而行之，其麻辣酱瓶和包装十年如一日，即使麻辣酱的味道改变了，不变的还是那个包装。

所以，创业者如果想做大做强，只在产品的外包装上做文章以求得卖出高价是不现实的，也是对顾客不负责任的表现；相反，在产品质量上狠下功夫，那么成功就会如期而至，就像“老干妈”，人们对它的热情只增不减，就是因为人们买的是它的味道，而不是包装。

经济受损，没事；信誉受损，不行！

对于企业经营者来说，最怕的就是损失，特别是经济损失。但在陶华碧的观念里，她只怕自己的信誉受到损失，却不怕经济受损。

陶华碧刚刚建立麻辣酱工厂的时候，销售方式非常单一，就是将制作好的麻辣酱通过周边凉粉店的订购出货，之后产能渐渐过剩，她便背着产品四处兜售，用的是传统的推销方式——试销，类似于走街串巷的销售方式。非常传统，但效果显著，不久之后就有订单纷至沓来。

公司渐渐发展，陶华碧也深切意识到对外销售是最大问题。可是，她既不懂营销策略，也不懂广告策划，甚至连名片都不使用，又怎么开拓市场，争取新客户呢？

农民出身的陶华碧对销售的理解也比较“土”，既然自己对企业的管理方法经过验证非常适合自己，并且已经取得了成效，那么对外销售、与人打交道也应该一样，遵循一个“真”字，不坑人，不骗人，不讲大话，不浮夸，真真切切地合作，只有这样，才能让生意做得更稳定，更长远。

于是，陶华碧专门召开经营管理大会，她对员工们说：“都说无奸不商，我就偏偏不信，我偏偏要‘宁可人人负我，我决不负客户’，请大家一定牢记这一点。在市场竞争中以诚信经营立足，才能取胜！”

这一席话给了员工们很大的信心，大家都被陶华碧的信念折服，为她这样的“大义”而感动，也都纷纷表示对陶华碧的做法非常赞同并且给予支持。

2001年，在“老干妈”公司发生了一件反响非常大，影响也十分深远的事。那时候有一家玻璃制品厂给“老干妈”公司提供了800件（每件32瓶）的酱瓶，总计25600个瓶子。当时并没有发现什么问题，但公司装上麻辣酱刚把货分销到市场上，就有客户反映:“有的瓶子封口不严，有往外漏油的现象。”非常不凑巧的是，一些对手企业不知怎么很快就知道了，便马上利用这事攻击“老干妈”。

在生意场上，只要对手露出了“短板”，另一方就会很快提出质疑，麻辣酱市场也不例外。更何况，当时的市场上，“老干妈”几乎是一家独大，竞争者不计其数。

陶华碧知道此事后非常重视，严令各部门迅速查处。一些管理人员向她建议说:“可能只是个别瓶子封口不严，把这批货追回重新封口就行了。”

陶华碧却坚决地说:“不行！这事关公司的信誉！马上派人到各地追回这批货，全部当众销毁，一瓶也不能漏掉！损失再大，也没有在市场上失信的损失大！”

大家听到这话都相当震惊，毕竟是25600瓶麻辣酱啊，是多少人耗费心血做出来的，瞬间就要销毁，实在是可惜至极。但陶华碧却态度坚决，坚持要当众销毁，不给消费者留下任何的麻烦和负面印象。

“做生意首先要学会做人。偷工减料、以次充好、坑人骗人的事做不长，咱们千万不能干那种事啊。”陶华碧说。

最终，800件次品以全部追回、全部销毁而告终。虽然这样的做法让公司蒙受了巨大的经济损失，却让人们看到了“老干妈”

信守质量的决心。

在现代经济社会中，诚信不仅仅是一种道德规范，也是能够为企业带来经济效益的重要资源，在一定程度上甚至比物质资源和人力资源更为重要。

管理学大师彼得·德鲁克曾说:“大量而广泛的实践证明，在企业的不同发展阶段，企业文化再造是推动企业前进的原动力，但是企业诚信作为企业核心价值观是万古长存的，它是企业文化与企业核心竞争力的基石。”企业诚信，孕育于企业文化，扎根于企业文化，渗透于企业文化，是企业文化不可或缺的重要组成部分。

塑造和坚持企业诚信作为企业文化的核心价值观，对形成支撑企业健康发展的独特文化特征，推动企业从优秀迈向卓越具有巨大的促进作用。

如果“老干妈”没有坚持以诚信为本，没有“宁可天下人负我，我决不负客户”的觉悟，那么“老干妈”麻辣酱或许走不到今天，也难以实现如此强势的品牌效应。所以，任何时候，企业主都应该有这样的认识：狠抓质量，坚持以诚信为根本才能始终立于不败之地。

PART 4
铁腕柔情

管理是刚与柔的结合。

董明珠：诠释另类柔情

我看了问题，告诉你了，认为你应该感谢我，这是真正的柔情。看到你出了问题，还装作没看到，特别是作为一个领导来讲，这是不负责任的。

——董明珠——

女性管理不等于柔性管理

在千亿企业俱乐部的CEO里，董明珠被称为“空调女皇”，她主导建立了独特的“格力模式”，自建销售渠道，叫板国美和苏宁，无视潜规则，起诉某地财政部门在招标中不当作为。她以强硬作风著称，近年来出书、出碟、拍电视剧、冠名教学楼等成功学宣传更是不在话下，她的硬朗形象已经深深地印在了人们的脑海中。

董明珠认为，一个企业的成功源于很多方面，但最根本的就是做好企业的管理。她认为做好企业管理比营销更重要。“我推崇军事化管理，”董明珠说，“很多人说女性管理更人性化，我说没有‘人性化的管理’，管理只有一种，就是制度，不分男女。管理是企业的根基。”

在格力，人行道和车道泾渭分明，如果员工在车行道上走路，就要被开除。“如果被车撞了，这是人性化吗？”她说。

对干部，董明珠同样眼里容不下沙子。她要求格力 1000 多名党员全部要佩戴党徽上班。“要重塑党员形象，更主要的是让员工监督你。”董明珠说，“干部不好，员工才不好。好的干部，往往是敢于做‘坏人’，一个事事对你点头的干部，可能正在伤害大多数人的利益。”

她注重细节，认为细节决定成败，还说老总就是用来管理小事的，小事都做不好，还有什么大事能办得了。空调有 1000 多个零部件，每个零部件看起来是小事，但都是大事。董明珠对技术和质量的要求极为苛刻，绝不放过任何一点小小的瑕疵。她用“完美主义”来解释自己：每做一件事，都要成功。但即使每一件都成功，哪怕出现一件错误，美誉也就等于零。

强硬的女强人作风不仅表现在对企业上，即使对待家人，她也特别严格。她曾在节目中透露因为她坚守原则，哥哥跟她反目，10 多年不曾联系。对儿子，她也没有尽到母亲的责任，工作几乎成了她生活的全部。她对儿子充满歉疚，但同时又认为她对儿子的爱是通过另一种表达方式来展示的。所以，儿子从小就独立、自强而且懂事。

2000 年，董明珠首推自己的自传《棋行天下》，那时她刚刚担任格力公司副总经理。这本书瞬间让她收获了千万粉丝，也极大地提高了她的知名度。据说不少销售人员在阅读这本书后，感同身受，忍不住流下了眼泪。这本书前后再版两次，至少印了 20 万册，热销程度远超之前的想象。

2003 年，董明珠又趁热打铁，将《棋行天下》拍成电视剧《行棋无悔》，搬上了中央电视台的大荧屏，她的传奇经历传遍全国。2006 年，她又出版了同名纪实性自传体小说《行棋无悔》。这两本书将她雷厉风行、做派硬朗的性格展现得淋漓尽致，也让更多的人了解了她。她的员工们都说“她把整个一生都奉献给了格力，她有很执着的敬业精神，她对企业没有私心，她拥有敏锐的市场观察力，她有显赫的业绩，她是一位了不起的企业家”。

董明珠的朋友也说：“她已经那么成功了，可是还那么拼，还经常出差，一有时间就去市场，我们自己做老板都做不到那么敬业。”她说话句句离不开格力，完全没有自己私人的时间。

所以，她的下属们敬她、怕她，她的竞争对手们怕她、畏她，她的粉丝们支持她、崇拜她。她自己也曾感慨：“在这个社会，男性处于主导地位，作为一个女性，要领导一帮男士，怎么能够让他们信你，那真的不是你具备简单的亲和力就可以的，而是要靠智慧的。更重要的是，你要比他们执着和拼搏，要比他们做得好，你的判断力得比他们强。”

坚持走专业化道路，也是她硬朗和自信的一个表现。她诠释格力模式有四大创新：技术创新、营销创新、管理创新和人才组织创新。她将自己的思想充分贯穿到企业管理中去。她认为创新是企业发展的动力，企业坚持技术创新，才能从制造走向创造，坚持诚信和共赢才能立足于不败之地。而成功的营销则要有一个严格有效的制度，即控制力。

她说，做领导的关键，就是要拥有做事的魄力，拥有分析问题和做决策的能力。她在格力电器干了20多年，无时不在与市场斗，与人斗，与自己斗。因为在实施企业管理的过程中，要求太苛刻、太严厉，必然会让一部分人觉得没面子。她觉得被人说霸道也没什么大惊小怪的。

格力内部开会时，董明珠喜欢提缺点，几乎不说优点。她说：“别人喜欢遮丑，我喜欢揭疮疤。我表扬你的都是过去的事，过去的事已经不重要了，重要的是将来应该怎么样。”作为一个企业，如果每天能否定一些昨天的东西，做到不断推翻自己，那就一定会有创新。可见，她对企业、对自己、对员工的要求极其严格。

在格力电器内部曾有段时间，经营管理上较为混乱，人浮于事问题突出。董明珠明察秋毫，与这些不良行为进行了坚决的斗争。她力排众议，强行规定：不管是谁，一律不准有应收款，一律实行款到发货。

董明珠的风格是要么我不说话，要么就得说得你心服口服，说得你认输。她坦言，自己是个认死理的人，经常爱钻牛角尖，特别爱较真。但我们应该看到，这些中性词用到她身上，就蒙上了一层责任的光芒。她把这种精神发挥到对企业负责中，就是值得人钦佩的。在谈到对产品质量把关时，她说："不对员工严厉，就是对消费者严厉，也是对员工和社会不负责任。"

谈到企业文化，董明珠指出，格力的企业文化是与众不同的，企业的领导者与企业文化是息息相关的。她重申格力提倡的是一种工业精神，而非商业精神。商业精神过于强盛，但工业精神却是一种实实在在的创造，是一种敢于吃亏的精神。格力的企业文化强调的是人文关怀和社会责任，不拘一格地培养社会人才。

2010年，董明珠接受记者采访时，刚刚参加完一个年轻中层干部的追悼会，一个优秀青年干部不幸去世，这让董明珠的眼神里充满忧伤，即使是偶尔露出的一丝微笑，也掩饰不了那份隐痛。"多可惜啊，医生都说没事，他就大意了。"她痛心地说。

顺着这个话题，董明珠又聊起了两年前去世的母亲。母亲去世前3天，董明珠就做了一个怪梦，梦里很多人穿着孝服在哭……醒后，董明珠对朋友说，母亲可能会出事。果不其然，3天后，家人打电话说母亲病重，很快母亲就离开了人世。"一个月后，我梦到母亲，说她在那里挺好，母亲还牵挂着我这个孝顺的女儿。”

聊到这些世俗话题，董明珠与“全球最具影响力”的女性以及“商界铁娘子”仿佛沾不上边。然而，话题一转向格力，转向企业运作，董明珠的企业家面目又慢慢还原了。

正气与温柔、强悍与淡然并存于她一个人身上。对待有损企业利益的人跟事，她当仁不让，斩草除根；对人才培养，她用尽心思，给予机会，颇费周折，良苦用心。她是侠骨与柔情的双重结合体。

1998年，格力进军巴西市场，投资2000多万美元在巴西亚马孙州建立空调生产基地，并于2001年在巴西玛瑙斯自由区投资3000万美元建立了年产20万台空调的“格力电器（巴西）有限公司”。格力也由此成为中国第一个走出去的家电企业。

2001年至今，格力的销售网点遍布巴西的24个州，拥有200多家代理商、近1000家经销商。在巴西，格力品牌家喻户晓，是当之无愧的空调第一品牌，是销售价格最高的空调品牌之一，节能表现获得巴西市场认可，占有率稳居前列，深受高端用户的喜爱。

取得这么好的成绩，也与董明珠的强硬作风密不可分。巴西电力非常紧张，节能观念特别强。在中国，空调的能耗比分5级，第五级是门槛。而巴西的门槛要比中国高一阶，相当于中国的4级，也就是能耗比要达到2.8。格力在巴西建厂，刚投产就遇到了问题，因该厂是个组装厂，大量的零部件需要从中国出口到巴西，有时东西到了巴西后难免出错。有人抓住这个把柄，扣住格力100多个货柜。

这时，董明珠发挥了她一向硬朗的作风：“唯一的解决办法就是不出一个错，提高自己的管理水平，把好每一个细节，不偷税漏税，依法行事，让人找不到敲竹杠的理由。”她下令，格力所有的产品能耗比要达到1级和2级——3.4和3.2。在她的严格要求下，格力空调在巴西连续5年被评为最节能的产品。

除了巴西，在中东、俄罗斯市场，格力针对这两个市场的特点，也分别推出“沙漠空调”和超低温多联中央空调来打市场，使得格力空调在这些市场大行其道。

早在2001年，格力空调就提出了“打造百年企业，创立国际品牌”的战略目标。2006年，格力电器独揽“中国空调行业标志性品牌”、“中国世界名牌”、“全国质量奖”和“出口免验”四大荣誉。尤其是“中国世界名牌”桂冠的获得，更是将格力品牌的美誉度提升到一个更高的层次。不过，中国名牌战略推进委员会主任林宗棠就寄语董明珠，格力电器不仅要成为中国的世界名牌，更要成为世界的世界名牌。

在董明珠看来，随着格力空调在国际市场销量越来越大，随着口碑传播的影响越来越大，格力空调成为世界知名品牌只是时间问题。这也将是她硬朗作风的另一项伟大奇迹，让我们拭目以待。

格局决定着结局

“心有多大，舞台就有多大”，满足于自己狭小天空的井底之蛙永远也不会懂得外面的广阔世界有多么美好！《财富》杂志的主编吉夫科文曾经说过：“企业家的格局决定企业的命运，企业家的高度决定企业的高度、远度。”董明珠就是一个有着广、远、高目标的企业家，格力电器就是在这么一位企业家的带领下走向世界500强的企业。

董明珠出身普通家庭，她进入格力工作时36岁，如今她62岁，20多年过去了，她仍旧孑然一身。她的路本来是很狭窄的，可是她胸怀大志，处处以公司利益为重，一步步通过自己的打拼，成长为一颗众人瞩目的耀眼明珠。

格局大的人，外在立身，内在立心，胸怀大局，成功做人。

董明珠以女性身份进入空调行业，却特立独行，行事铁腕而又不乏柔情，白手起家开创自己的事业。她从不妥协，面对激烈的竞争，以一抵十，勇往直前，披荆斩棘，最终成功地在市场竞争最为激烈的家电领域开创了自己的一番天地。她的竞争对手都暗自佩服她。她执着于自己所坚持和期盼的事业，就像所有成熟的成功女性一样，刚强而睿智，但又有着自己独特的行事风格。

在流行柔性管理的时代，她公开声明女性领导人不是靠女性的亲和力来解决问题的，并在实际行动中以过人的果敢和智慧赢得了人们的尊重。前面讲过，她独自一人去要债，连续坚持40多天，凭借顽强的毅力最终为公司拿回了属于自己的利益。回来的旅途上，她哭了，但她的哭泣里却让人看到的更多的是她的顽强不屈。这份做人的忠诚与执着当即打动了朱江洪和公司里所有的员工；她被派遣安徽市场，愣是凭借自己的坚持，彻底改变了格力原本“先货后款”的弊端，让格力转变为“先款后货”的销售方式，为公司解决了要账不灵的难题；放弃安徽市场，她又投奔到毫无市场缝隙的南京市场，又是凭借对工作的热情与忠诚，把成功打下来的安徽市场及江苏其他市场让给同事，让人不得不佩服她做人的大气与豪迈。有这样胸襟和气魄的人，自然能顺利走到今天的位置；解决裙带关系，她甚至不惜跟公司老总争论，她认定的事情，无论是谁反对，她都会一如既往地坚持下去；公司有人集体跳槽，也有公司给她开了最为优越的条件，她拒绝了，非但如此，还立即清理了公司内部的各种无人敢碰的“涉外高人”。她担任总经理时，基于对过去经验的总结，在聘用员工时，首先考虑的就是一个人是否能做到忠诚。

董明珠常说：“企业文化是企业的灵魂，没有独特的企业文化，企业就不会有强大的精神支柱，而没有强大的精神支柱的企业，就不会创造更多的物质财富和精神财富，也不会承担起更多的社会责任。这样的企业就不可能走得远。”对于企业文化的核心，她强调要“诚实”。格力所追求的并不是表面的东西和概念上的东西，而是诚实务实的精神。

董明珠一直强调，企业的成功有许多种因素，但最主要的因素就是做人。她说，做企业就是做人，做人就是做产品。做人不成功，企业也别想成功。企业的强大，永远跟做人密不可分，要坚守“做企业就是做人”的概念。没有好的产品，没有过硬的质量，就不可能有广阔的市场空间，也谈不上品牌塑造。用好的人品经营好的产品，用优质的产品赢得市场，赢得未来。只有好员工才能塑造好的品牌，打造好的企业，而好的领导才能带出好的员工。这是一个良性循环。所以，董明珠从自身做起，也用她的实际行动潜移默化地影响着格力电器所有的员工。

“所谓的商道就是大家共同做好一件事，并从中获得应有的利益。做事为先，获利为后。在合作中，应该大力倡导企业精神，这种企业精神就是‘吃亏’精神。”对经销商们，董明珠一直强调要在合作之中兼顾好三个利益，就是兼顾好消费者的利益、经销商的利益、厂家的利益。有时候经销商在激烈的市场竞争下，会偶有跟风、失策、不盈利的现象，这时董明珠就会拿出一部分钱来补给经销商；对于那些私自破坏企业形象和利益的经销商，她会立即将其除名，对此引起的各种“口水震动”，她一点也不会放在心上。她之所以不介意，一是因为她做人大气，不会把别人的误解放在眼里；二是因为她认为自己做的是有利于公司的事情，她问心无愧。

企业和企业之间，有时更像是人跟人之间的关系。善于做人的人，在商场上游刃有余，得心应手，并能够得到别人的尊重和认可。而相反，不善于做人的人，尽管在商场上会左右逢源，八面玲珑，但最终仍会以失败收场。这样的人，摊子有多大，损失就会有多大。熟悉董明珠的人都知道，她把企业看成自己的命根子，把产品质量看成企业的命根子，她是一个务实而严于律己的人，有时甚至达到一种近乎自虐的程度，这样的精神令对手都望而生畏。她考虑的是正和博弈，合作共赢。她分析说，许多企业为什么做不长久，就是因为他们只想着自己的利益，只想自己多赚钱，只想自己的名利和眼前的利益，而很少考虑合作共赢，更不要说责任担当。“做好人自然能做好事，面对市场这盘棋，应该有足够的办法让其始终处于一个和棋的局势里。”她说。

格力的经营模式就体现着“正和博弈，合作共赢”的理念。格力与经销商、专卖店合作，对于国美、苏宁这样的大零售商，只要他们首先考虑的是自己的利益，而不是整体的利益，董明珠就马上提出异议。而如果他们意识到自己的问题，积极改正，在彼此尊重的基础上，希望达到合作共赢，董明珠也会不计前嫌地与之共处。

格力的发展壮大，是靠董明珠和所有员工一步步推动的。能成为空调行业的老大，靠的就是做人务实、做企业就是做人。早在以前，朱江洪对于公司里不合格的产品，就采取大锤砸的策略，这种一丝不苟、严谨认真的精神值得所有人钦佩。除此，格力每年对国家的贡献，也表现在它为一个企业甚至整个社会留下了精神财富。近两年，董明珠更是拿出“让世界认识中国制造”的精神在做企业，不断学习，不断创新，不断让企业谋求更好的发展空间。在互联网时代，人们更多讲究的是快餐文化，但她仍然能够坚持一步一个脚印，不急不躁，踏实经营，不搞投机取巧，宁可慢一些，宁可错过借助互联网宣传的最佳机会，也要先沉下心来，让自己的产品令自己满意，才敢投放到市场。

董明珠深切地明白一个道理，那就是市场变化很快，当大风过去，产品所存在的问题开始浮出水面，靠一时侥幸实现业务快速扩展的企业，肯定会陷入窘境。她之所以让格力在看似“吃亏而笨拙”的状态下行棋天下，就是不想在市场裂缝中搞投机，她关注的是企业长远的发展。

成功的女性，外界对于她的人格往往更为关注。近几年，外界对于董明珠的评论也褒贬不一。其实她知道自己只是一个普通的女性，只是比别人多了一点追求而已。而这种为企业、为社会所拥有的崇高追求，必然能让她拥有更坚定强大的内心。

在她看来，特别是职场女性，应该时刻保持一种良好的心态，在好的心态下发现自己的不足，只有每天发现自己的不足，才能真正地学习和进步。她坦言，自己的成功就是不断地进行总结，在总结中得到改善。她看到欧美、日本的产品技术好，就下定决心要超越它们，为此她不惜无上限地投资技术研发，良心做质量，信心谋超越，从没被快速的成长曲线所压倒，最终在高品质的道路上开辟出属于格力的路来。

日本管理学界的泰斗稻盛和夫曾经说过："经营企业依托的是基本道德判断，在道德中正确的事情，在企业经营中同样正确。"成功的企业家拿公司当大家，大家好了，自己的小家才有机会跟着好起来。所以，其带领的工员发自内心地热爱自己的公司，为公司努力奋斗。董明珠要求自己的员工也要有这种精神，她经常给员工讲自己的见闻，用严格的精神来要求自己的员工牢记根本，心系企业和客户，扎扎实实地把产品做好，诚诚恳恳地把价值创造到位，甘愿付出，不求回报地忘我工作，力求技术创新，不断打造企业的核心竞争力。她认为这样才能做出一番绵长的事业，才能超越国外的品牌，让"格力制造"冲出国门，走向世界。也是这样高的格局才成就了今天的格力电器。

人才没有等级，企业与个人要共赢

什么是人才？董明珠说，你作为领导必须先是人才。如果你是人才了，你才能有眼光去赏识人才，否则你连什么是人才都不知道。

那人才的定义是什么？董明珠认为，人才决不应该停留在技术领域，一个企业的每一个岗位上都应该有人才，人才覆盖各个不同领域，每个人都受到尊重，这才是一个完美的公司。比如公司的一个清洁工，她干得好，是不是人才呢？董明珠说，她肯定是的，在格力电器没有等级之差，应该容纳各种人才。

格力电器曾经高薪聘请了一个清华大学博士生，他所从事的制冷专业里全国只有两个人，他是其中之一。公司对他寄予极大希望。但此人偷工减料，因为权力在握，所以他跟上游进行勾结，用不用你的零部件，取决于你给我多少好处，而不是产品质量和技术的需要。董明珠当时任总经理，她坚决将此人免掉。董事长让他考虑一下，别人会认为格力不重视人才。董明珠说，这样的人不是人才，必须免！

格力电器现在拥有很多大学生，他们都是本科毕业，都是格力电器培养起来的。董明珠认为，只要有挑战精神、勤奋精神、奉献精神，就给你平台，给你机会。

董明珠举例，一个普通大学的 1982 年出生的大学生，很勤奋、上进，对工作非常认真负责，在自己的领域中，加工零部件做得很厉害，已经可以为飞机做部件加工。有个领导某天过来视察，非常惊讶，一个普通家用空调做到这种程度，简直令人不可思议，便问道："你是哪个名校毕业的？"这个小伙子有点不好意思讲，于是董明珠告诉他："你就告诉领导说，你是格力大学毕业的。"

董明珠坚持自己培养人才。如今，80后的员工，在技术和领导岗位上的比例已达到60%以上。格力电器经常被其他企业挖人才，公司很紧张，有人认为应该给人才加薪。但董明珠认为，这个人如果为了钱，你怎么加薪，都不可能解决问题。

格力电器一个非常有特色的地方在于人才济济，但这些人才几乎不可能被别的公司用高薪挖走。原因何在？一是董明珠"不拘一格降人才"，二是格力的人才都是自己公司培养出来的，对公司存有感恩之心。公司在管理过程中，特别注重人性化管理，只有这样才能调动员工的积极性。所有员工在结婚时，格力都会给一套两室一厅的房子住。别说在中国，就是在国外，也少有这样的条件。

企业老板该管什么？员工需要什么？老板应该想想能够给员工带来什么，员工要思考能为企业干些什么。曾经有两名大学生到格力来应聘，其中一个所询问的问题是："企业能给我带来什么？"而另一个人则问："我能干什么？我能为格力做什么？"可以看出，这两个人的价值观是完全不同的。

董明珠比较欣赏后者。假如两个人同时被录取，虽然获得的待遇是相同的，但是将来的发展前途肯定是不一样的。董明珠认为，后者展现了一种担当和奉献精神，这样的人才会为企业和社会创造更大的价值。

为了把企业打造成百年企业，董明珠认为，首先应选择一个很好的接班人，因为制度是需要人来执行的。关于人才的选择，她认为应该把一个人的忠诚度放在首位。

单独说忠诚度，作为选择人才的首要标准是不完全正确的。

但是，这种选择方式又非常符合中国的社会现象。即使如今，中国的各项制度越来越健全，大家的法制意识也越来越强，但仍然缺少一种契约精神。能力是可以培养的，但是忠诚度如果有问题，那就没法改变了。

华人企业家李嘉诚也是一个格外重视人才的人。他说："在我公司服务多年的行政人员，有的已经工作了很多年，什么国籍的人都有。只要在工作上有表现，对公司忠诚，有归属感，经过一段时间的努力和考验，就能成为公司的核心成员。"

对于人才的重视，是每个企业领导人都绝不会忽略的问题。忠诚犹如大厦的支柱，尤其是对高级行政人员来说。董明珠说："如果一个员工不忠诚于企业，那么越有能力就越不能用，因为用得越多对企业的伤害就越大。"她这句话是十分深刻而现实的。

任何一个企业都不希望看到自己辛苦培养的人才，在各方面成熟之后，被其他公司的人挖走。格力的人才很多，忠诚的人也很多，但也会有一部分人出于多种原因选择离开。

回顾过去，董明珠也曾被许多公司试图高薪挖走，他们开出的条件是仅年薪就 8000 多万元，但董明珠丝毫没有动摇！

董明珠升任总经理时，她首先考虑的就是接班人的问题。她称自己干这一行是为"防患于未然"。她认为一个企业最重要的 3 个方面就是：技术、管理和人才。现在格力的技术和管理都已经非常完善了，还需要努力的就是人才的培养和选拔。

面对流失的人才，董明珠也很大度。她说："格力的员工如果能把格力的优秀工作作风带到其他企业中去，总体来说也是一件好事。毕竟，空调的健康发展，只靠一家企业的努力是不够的，还需要更多的企业规范发展。"

在格力电器的人事网页上写着这样的格力人才观：企业的竞

争，最终是人才的竞争；你有多大的能力，给你多大的舞台；不断培养、挖掘人才，给人才不断创造发展的空间，提升员工价值，是每个管理者的基本工作之一；挑战压力，经营自我，承担责任；我们不但把格力当作一项事业，更把它当作一所学校；要求我们必须把个人追求融入企业的发展之中。

这样的人才观正体现了董明珠的理念，格力的人才观就是一种企业与个人共赢、共同发展的进步的观点。

让下属因为你而成长

2011年对所有中国制造业来说，都是恐慌的一年，当年说得最多的一句话就是“用工荒”。说起“用工荒”的根源，就在于一些企业明明赚了很多钱，但是不愿意拿出来回报给员工，而员工的收入不高，仅仅只能用来解决住房或吃饭的问题，那么哪还有人愿意背井离乡来大城市打工呢？

董明珠说过，她的愿望是格力能做百年企业。如何才能做成百年企业？她认为要具备几个因素：一是责任，企业要培养有责任感的人；二是需要有一种执着的精神；三是要创造一种自我反省、学习创新的氛围。只要做到这几条，企业的精神不失传，企业文化就有竞争力，百年企业就不是空谈。

而做到这几点，首先就要关注企业的员工。企业在发展，给员工的利益就不能少。有的企业很富裕，面对媒体侃侃而谈，但是对员工却极度苛责。这样的企业，即使赢得了很大的利润，从人性的角度看，从企业文化的角度看，它也是失败的。

2011年，董明珠反其道而行之，在确定不涨价的情况下，不考虑生产成本的上升，而是先给员工加薪10%。董明珠此举一出，有的企业模仿，有的企业嗤之以鼻。但董明珠觉得给员工涨工资，是企业不能逃避的一种责任。实际上，董明珠给员工加薪的平均值不止10%。关于涨工资，格力年年都有不同程度的增长幅度，增长的方式也不尽相同。

比如2009年在发年终奖时，每个员工都增加了1000~2000

元，都有不同程度的增长；比如从技术角度说，目前格力电器领先于整个行业，有很多发明专利，这是技术人员的贡献，有了这样的技术，才能给消费者带来好的产品，那技术人员就应该加薪奖励。

有记者提问，给员工加薪，生产成本在上涨，格力不涨价，三方面因素加起来，会不会对格力的整个利润造成一定的影响?格力是不是想通过这样的措施挤压二线和三线的品牌，提升自己的市场份额?

董明珠说:“面对外部通胀，我们确实要考虑一下。但我国改革开放取得了经济成果，应该与民共享；企业也是一样，企业得到了发展，我们每年给国家的税收是最高的，每年在家电行业的利润是最好的，那就应该从各个方面感谢我们的员工为我们创造了这些价值。”她强调，在为国家、为股民做贡献时，不能忘记自己的员工。

董明珠认为企业真正的对手只有自己。只有自己的发展得不到社会的认可，才会垮掉。如果挤占别人就能壮大自己的话，那么格力早就进行多元化经营了。只有凭自己的先进技术、先进管理理念，凭自己的行为去感动消费者，对消费者负责，才能赢得消费者的尊重和喜爱。

董明珠说，有些企业遭遇了“用工荒”，但格力从未遇到过类似问题。只要招工，每年过来应聘的人都非常多。进来的员工，企业要让他们有安全感，这样他们才能为企业废寝忘食地工作。改革开放最初说是让一部分人先富起来，在当下，她认为应该考虑让所有人都富裕起来。

董明珠认为，给员工涨工资，其实就是在跟员工分享企业文化，让员工知道，企业强大了，他的生活也就有保障了。企业与员工的命运是息息相关、荣辱与共的。

懂得跟员工分享，是董明珠热爱员工的一种精神体现。

董明珠说："如果你真的爱你的员工，就考核他，要求他，逼迫他成长。如果你碍于情面，低目标，低要求，养了一群小绵羊，这是领导对员工前途最大的伤害！因为这只会助长他们的贪婪、无知和懒惰。让下属因为你而成长，拥有正确的价值观、人生观，并具备了完善的品行，不断地成长，就是主管对员工最伟大的爱！"

董明珠的"良苦用心"体现在对制度的严格管理上，对员工的严格要求上。

有人问董明珠："互联网企业一直强调要给员工一个宽松的工作环境，你觉得铁的制度还有没有必要？"

董明珠回答："当然有必要！宽松不等于放纵，宽松之外要有铁的制度。真正的民主并不是没有约束，没有制度的最大受害者是好人。一旦把绿灯拿掉，好人就要倒霉。开不了的话，坏人全往前窜，所以必须要有一个制度。什么叫人性化？就是让员工有尊严、不歧视、不虐待，付出和回报是对等的。"

外界总是认为董明珠的管理霸道而强势，其实从这个意义上讲，强势并不等于不讲道理，恰恰相反，它指的是按规矩办事。世界上本来就没有弱者和强者，每个人在自己的领域都有自己的长处，弱者有犯错的时候，强者同样也有犯错的时候。假如因为他是弱者，犯了错误就要受到保护，那么弱者可能永远只能是弱者。假如因为他是强者，犯了错误就要受欺负，那这世上每个人最后都会变成弱者。对于"强势"的定义，从另一个层面来看，其实源自于董明珠对员工、对企业的热爱。

还有一种说法是董明珠太过强势，所以她的下属们都非常害怕她。可实际上，如果某天董明珠乘电梯，下属能在电梯里与她偶遇，心里一定是欢欣雀跃的。这说明拥有“强势”人格魅力的人，也就拥有了“日久见人心”的魅力。

在董明珠看来，她对原则不让步，对道德价值观不让步，这不叫强势，这只是一种原则。员工如果做错了事情，她批评他时会拍拍他的肩膀，说“你不错啊”，这是她不擅长的。她会直接上前告诉他，你哪里做错了。她觉得这个被批评的员工应该感激她，只有批评了，他才能重视，才会成长。如果她假装看不见，作为一个领导来说，这是不负责任的行为。

董明珠说，有许多问题，其实是非常简单的，偏偏我们就喜欢把它弄得很复杂。简单的问题就应该让它简单化。

跟员工分享自己的智慧，进行思想火花的碰撞，这是董明珠十分乐意去做的事情。2015 年 7 月 20 日，格力迎来了 800 多名新入职的大学生。董明珠专门为他们举行了一场别开生面的专题讲座。讲座以“逐梦格力”为主题，在格力电器珠海总部销售楼报告厅举行，历时 3 个小时。

演讲现场，董明珠向大学生们介绍了格力电器的发展历程，分享了自己在格力的奋斗史和与公司一起成长的宝贵经验，鼓励大学生在当今物资充足、知识爆炸的时代，努力利用格力提供的平台，充分实现自己的人生价值。她语重心长地说道：“你们每个人的未来，都掌握在你们自己的手里。”

谈到如何实现自己的价值时，她点明“人生的意义在于挑战”，鼓励大学生成为职场的“有心人”，做到有信心、讲诚信、能吃苦、会坚持。她特别强调，一个人要实现自我价值，应该具备“不怕吃亏”的精神，以长远的眼光谋求发展，具备宽广的心胸和高远的眼界，不被短暂的利益蒙蔽双眼，在保护企业利益的基础上，充分发挥自己的个性，大胆提建议，寻找企业的不足，与公司达到“共赢”。

台下是一群被社会贴上“标新立异”、“敢于质疑”标签的90后大学生，面对董明珠的妙语连珠，他们或连连捧腹，或掌声不断，纷纷倾吐着自己的敬佩之情。

从董明珠身上，我们可以清楚地看到岁月的沉淀，那是经历了挑战、磨砺过后所拥有的气质，这种真正意义上的精神财富，是格力员工应一生学习和希冀的东西。与员工分享，无形之中会给他们很大的鼓舞，让这群热血沸腾的年轻人，拿出热情，去为格力的明天以及自我价值的实现努力奋斗，开拓进取。

陶华碧：

婆婆妈妈不是“老干妈”

有几个老阿姨问我，你已经那么多钱了，还苦哈哈地拼哪样哦？我想了一晚上，也没有想出个味来。看到你们这些娃娃，我想出点味来了：企业我带不走，这块牌牌我也拿不走。毛主席说过，未来是你们的。我一想呀，我这么拼命搞，原来是在给你们打工哩！你们想想是不是这个道理？为了你们自己，你们更要好好干呀！

——陶华碧——

“干妈式”管理：大道至简

陶华碧没读过书，但她仍然靠自己的能力办起了食品加工厂，又开了公司，堪称创业典范。

当年，陶华碧的大儿子李贵山帮助她经营公司，制定了“老干妈”公司的规章制度，但陶华碧却并未采用儿子的方案，因为她认为这些东西都是其他公司在用的，毫无价值和意义。这些规章表面上看起来规规矩矩，实际上对员工起不到什么作用，也没人会喜欢看那些一板一眼的文件，毕竟来打工的大多数人都没什么文化，不如一些实际而简单的制度来得有用。

于是陶华碧自己琢磨了一套方案，其实也不能说是方案，因为到目前为止，外界还没人看到过它的原文，只是从“老干妈”总经理谢邦银那里听来的，里面的内容都是一些诸如“不能偷懒”之类的句子，十分简单朴实，不像是公司的员工制度，倒像是长辈对晚辈的殷切教诲。

就是这样一份极简的规章制度，让“老干妈”公司从成立至今都始终保持稳定，从未出现过任何问题，人人都愿意遵守。

正所谓“大道从简”，用最简单的话语将条条框框变成温馨提醒，既保留了人情，又表达了制度的要求，可谓一举两得。

可能有些人会认为，因为陶华碧没读过书，太过于正经而复杂的制度她自己也看不懂，更别说要让员工们遵守了。事实上，“老干妈”公司里不乏优秀的职业经理人和知识分子，但大家都一致认定“老干妈”所规定的制度合情合理，并且易于遵守。

“老干妈”用生活中总结出的简单道理替换了烦冗而生硬的条例。生活的哲理就是知识的体现，而条例便是文化的体现。

可见文化和知识其实是两个完全不同的概念，却又是对立统一、相辅相成的关系。

陶华碧由于幼年家境所限，没能像普通孩子那样去读书，所以她缺乏文化基础。可是随着年龄的增长，她的所见所闻都开始成为她的知识储备。

陶华碧用在生活中学到的知识组建起了自己的公司和优秀的团队。“老干妈”公司的人员结构很简单，没有常规的董事长、副董事长以及副总经理，只有 5 个部门，陶华碧作为最高层的管理者，她下面就两个主管，一个管业务，一个管行政。时任业务主管的谢邦银曾笑称自己就是个“业务经理”，因为要做的事情和普通员工一样，都要到一线去。

也许那些办公司的道理和规定对陶华碧来说，不仅是累赘，而且是麻烦，她习惯于用自己的话语来总结生活的经验和成功的点点滴滴。对于一个普通女性来说，拥有如此大的成就已经让人羡慕不已了，没人会因她的文化水平而嘲笑她，反而都对她大加赞赏，因为她对市场敏锐的洞察力令她异常的优秀。

作为管理者，往往会制定一些工作制度，但每个公司的情况都不尽相同，不能照搬他人的模式，而应该结合自身情况，制定相应的章程，这样才能够让公司更便于管理，让员工更自觉和团结。

冰冷而教条的制度会将管理者和员工的距离拉得很远，而陶华碧制定的员工制度则简明亲和，大道从简，无形中拉近了上下级之间的距离，让管理工作更加得心应手，不会出现不服管教或者僭越制度的人存在，这也是符合“老干妈”公司的实际情况而存在的。

“干妈式”管理：感情投资

马克思主义认识论认为，人是生产力中最积极最活跃的因素，也是生产力中唯一具有能动性、创造性的主体因素。再好的管理、再好的制度也需要人来执行和运作。因此，企业的发展快慢和优秀与否，在根本上取决于员工素质的高低。建设一流的队伍是推动企业成熟优质体系建设的基本保证。

通过精神层面的感召力，使得企业内部真诚相待，从而充分调动广大员工的积极性、主动性、创造性，高度认同和支持企业的经营政策和方针，促使企业生产力得到进一步的释放和发展。

陶华碧十分重视对员工的管理，她用的“土”方法和马克思主义的认识论却不谋而合，那就是充分调动员工的积极性，让员工愿意去劳作、去努力。她用到的就是“亲情化管理”方式。

从部队转业到206地质队汽车队工作的长子李贵山得知母亲在打理公司时的各种难处之后，主动要求辞职来帮她。虽然此时的陶华碧已是小有名气的生意人，但她还是觉得李贵山辞掉“铁饭碗”来帮助她是“秀才落难”，所以她有些反对儿子的做法。无奈之下，李贵山只能“先斩后奏”，先辞掉工作再告诉陶华碧，并成为“老干妈”的第一任总经理。

虽然并不赞同儿子的做法，但对陶华碧来说，有儿子在身边，总比其他人要安心很多。

李贵山辞职后，一进来就为陶华碧想到了很多关于管理员工的规章制度。他虽然读过高中，但文化程度仍然不高，要说到管理企业，并整理出一整套行之有效的规章制度，显然是非常艰难的，这一点陶华碧也非常清楚。而且，她更加清楚的是，厂里的员工都是文化程度不高、家境相对困难的穷苦人，模仿其他公司的那些管理条文对这些人来说并不会起到多大的作用，与其如此大费周章，还不如用自己的“土方法”来管理。

陶华碧的一套管理制度非常简单，就是两个字：温情。

所谓“温情”，就是用亲情化的方式来管理和约束员工，员工们称之为“干妈式”管理。陶华碧的管理方式简单而行之有效，具体实施也不费力，就是对员工进行“亲情投资”。每一个员工的名字，只要见过几次，她就会记住，公司2000多名员工，她能叫出60%的人的名字，并记住了其中许多人的生日，每个员工结婚她都要当证婚人，实在是令人敬佩之至。公司里的氛围简直不像公司，而像是一个温暖的大家庭。

除此之外，陶华碧还一直坚持她的一些“土原则”：隔三岔五地跑到员工家串门；每个员工生日时都能收到她送的礼物和一碗长寿面加两个荷包蛋；有员工出差，她像送儿女远行一样亲手为他们煮上几个鸡蛋，一直送到他们出厂坐上车后才转身回去……

员工们都感受到她－像母亲和大姐般的温暖，彼此之间没有领导和员工的隔阂和客套。这样的好处是，大家在公司里做事，感觉就像在自己家里一样，没有压力，干劲十足。

“老干妈”公司里的员工几乎很少流失，忠诚度极高，这都得益于陶华碧的“亲情式”管理。在她的领导下，没有人消极怠工，也没有人背叛公司，因为每个人都觉得就像在自己的家里做事，非常有安全感。

无论公司做到多大，陶华碧始终坚持给全体员工免费提供吃住。这是因为她自己曾经有过远赴他乡打工的经历，那段时期是她人生最灰暗的低谷，所以她看到这群员工就好像看到了曾经的自己。

很多创业者在创业之初，尤其是小型公司，根本不可能为员工提供任何食宿方面的优厚待遇，因为创业之初，各方面的花费很多，领导者往往会将资金运用到“刀刃”上，也就是项目研发、设备购买等一些以公司本身为出发点的地方。而陶华碧却不这么认为，她认为“人脉”就是“钱脉”，留住了人心，就留住了金钱。在公司里没有员工叫陶华碧“董事长”。大家都亲切地喊她“老干妈”或者“陶阿姨”。

当公司后来发展到1300多人时，全员包吃包住的制度仍然没有废止。这么庞大的企业，一直这样实行全员包吃包住，谁敢想，谁又敢做？然而，陶华碧不管花多大的“血本”，都始终坚持了下来。

2008年第四季度，在国际金融危机的冲击下，“老干妈”公司订单锐减，销售收入下滑55%，首次出现产品积压。他们迅速制定市场建设方案，以“突出重点、倾斜终端、全面协调、统筹兼顾”的16字方针巩固市场，重新树立销售商和消费者的信心。从2008年12月起，公司每月拿出650万元资金投向市场，通过大型促销活动等手段，让利销售商和消费者。

在最困难的时候，“老干妈”公司没有裁掉一名员工，1300名一线员工的薪水全额发放，700名轮岗职工拿到了基本工资，而管理层的薪水则主动降低15%。随着订单的增多，公司2009年1月份的销售收入达到1.6亿元。目前全国各地的经销商已向“老干妈”公司追加120车皮的货，企业正开足马力生产。

“老干妈”的管理体系里最重要的一点就是将员工的利益放

在第一位，即使是最困难的时候，她也没有拖欠工资，或者裁员，而是尽最大努力让大家都能够不失业不下岗，能过和平常一样的生活。

新形势下如何加强企业管理，是每个管理者都面临的重大课题。在当前市场经济条件下，如果只是一味地强调物质利益和金钱的激励作用，而忽略了职工情感上、心理上、精神上的需要，这样有失偏颇，就会使管理走向极端。物质利益是必要的，但其激励效果也是有限的，这就要求管理者要将注意力转向职工的高层次需求，寻求一种新的管理方法，通过有效的思想工作和精神激励，激发职工的事业心、成就感，而这种新的方法就是陶华碧所实施的“亲情管理”。

亲情文化虽非中国所独有，但唯独在中国才可以形成一种历史悠久、传播广泛、影响持续、方式缜密、内容全面、形态复杂、功能完善和体系庞大的文化。

给职工以人性化的管理，使职工对企业产生认同感，从而把自身的发展与企业的发展有机融合，提高了企业的凝聚力。当企业职工以企业的价值取向作为本人的价值取向，那么职工便会把企业的发展作为其个人的事业，规范自己的行为，以企业的发展为己任，提高企业竞争力。而亲情管理正是把“以人为本”这一理念，赋予管理尊重人、理解人、感化人、培育人、塑造人的内涵，更能将人的情感和企业的文化结合起来，如此一来，企业的凝聚力会更加强大，人与人之间便不再只是单纯的同事关系、上司与下属的关系，而是从单纯的金钱关系过渡到一种自然的亲近关系。

企业的凝聚力是企业生命力和企业活力的重要标志，而领导人的温暖关怀，亲情式管理方式则是增强企业凝聚力的有效措施。“亲情化”作为企业文化的核心价值观，能够把企业在长期奋斗中形成的优良品质、顽强作风挖掘和提炼出来，成为大家认同和遵从的价值规范，有助于把各级员工对企业的朴素情感升华为强烈的责任心和自豪感，把敬业爱岗的自发意识转化为员工的自觉行动，使每位个体的积极性凝聚为一个整体，从而增强企业的生命力和活力。

事实证明，陶华碧的“亲情管理”方式非常奏效，仅仅成立一年多时间，“老干妈”公司就做到了企业产值1400万元，上缴税收86万元的傲人业绩，不得不说，这是全体员工用对工作的激情换来的成绩，也是对“老干妈”陶华碧的回报，回报她的信任和温情。“亲情”管理方式让“老干妈”获得了更强的凝聚力和向心力，“老干妈”也才一步步地走到了现在。

奖你一辆车，说到做到，诚信不能开玩笑

那是2001年年初时，有个广州的销售商向陶华碧汇报时，说他的年销售目标是卖出“老干妈”麻辣酱3000万元。

那时候的3000万元可不是个小数字，陶华碧听到后，直摇头说：“这目标定得太高了，很难实现。”因为她觉得这个销售目标太高，恐怕达不到，但为了不给销售商浇冷水，陶华碧用鼓励的语气说：“你如果真实现这个目标，我年终就奖你一辆轿车！”

这句算是玩笑，也不算是玩笑，因为陶华碧本人当时认为不可能完成，但基于激励的本意，她给了一个很大的承诺。

其实，听到这句话的所有人都没人当真，因为陶华碧一生节俭是出了名的，她自己当了那么大的老板了，却从来不给自己配轿车，平时出门办事大多去挤公交、中巴，即使是去税务所交税，也是兜里揣上两个馒头作为中午饭，坐着农用车往返。如果不说，肯定没人相信她是“老干妈”公司的董事长。节俭到如此地步的“老干妈”怎么可能会舍得奖外人一辆轿车呢?

到了年终，当这个销售商带着销售3000万元的销售额业绩来汇报时，所有人都震惊了，因为大家都没有料到他竟然实现了如此困难的目标。这时，就有人提起了奖励轿车的事，大部分人表示，这只是当时的一句玩笑话，不用当真。可陶华碧却如此表态：“人要讲信用，说出去的话就像泼出去的水，不负责任怎么取信于人？”她力排众议，奖励了这位销售商一辆轿车。

这事传开后，销售商们都感叹道：“还是‘老干妈’最讲诚

信啊！对她这样的人，谁还会忍心骗她！”

可能大部分人以为陶华碧一句玩笑话赔了一辆轿车，可陶华碧自己却不这么认为，她认为自己不但没有失去任何东西，反而得到了很多，尤其是各地销售商的赞赏和信任，这些可都是金钱买不到的。

诚信让陶华碧赢得了美誉，也让“老干妈”麻辣酱赢来了更多更大的机会。

这件事之后，陶华碧更加把诚信经营当作企业发展的法宝。她自信地说：“我不懂什么时髦的管理方法，我就靠诚信，我要诚得别人不忍心骗我！谁要是骗了我，别人就会说：‘你连她都忍心骗啊？’谁就在同行中臭名远扬，难以立足！”当时自信满满的话，让听到的人都不由得鼓起掌来，为她的做事风格由衷地发出赞叹。

可没想到，这话才说出去没几天，就有合作伙伴和厂家为谋私利真的骗了她。

有一次，她的公司急需豆豉，让重庆的一家豆豉酿造厂赶紧运来了 10 多吨豆豉，因为已经是“等米下锅”的状态了，检验员收货时也就没有仔细查看，谁知货卸车后，才发现外面摆放的豆豉是质量好的，里面的豆豉是坏的，还坏到已经馊了的地步。

这种情况在“老干妈”公司是前所未闻的，因为“老干妈”检验严格是出了名的。当下这个情况显然是非常糟糕的，陶华碧知道这个消息后，气得坐不住了。如果说只顾赶着生产，这批豆豉经过特殊处理后用一用也未尝不可，因为经过发酵之后，原料的品质靠肉眼是分辨不出来的。但陶华碧却坚决不允许这样的事情发生，更不愿意对顾客有一丁点儿的欺骗。于是，她决定将这批货退回，态度非常坚决。公司也因缺原料被迫停产两天。短短两天时间公司就蒙受了巨大的经济损失，但陶华碧并不心疼，她始终坚持自己的想法。

这件事情传开后，陶华碧为顾客着想的真诚而负责的精神感动了人们，“老干妈”在市场上的信誉更加深入人心了。

而重庆的那家豆豉酿造厂呢？因为连陶华碧都欺骗，它顿时就成了“千夫所指”的过街老鼠，在同行业的信誉一落千丈。而凭着诚信，陶华碧在同行中赢得了广泛的美誉，企业不断壮大，品牌也广为人知，利润更是逐年增加。

诚信能够让人收获意想不到的美好，更是一个人、一个企业不可或缺的基本品质。即使是一句玩笑话，也要负起责任来实施它，因为责任无大小，都是应该为之付出代价的。

企业需要“文化人”

陶华碧说：“我每天晚上 7 点钟都要看《新闻联播》，全靠这个了解天下大事。”

每天坚持看《新闻联播》，从新闻中获悉天下大事，获悉民生疾苦，从中也学习到国家的政策和对企业有用的信息。

有一次陶华碧看完《新闻联播》后说：“我们国家，就要做大、做强、做好。经商的人，个个都要诚信纳税，我们企业做好了、做大了，中国也能更强大，更好了。”

作为一个生意人的陶华碧虽然不懂诗书，可她懂得知识对一个人的重要性，已经没有太多闲暇时间去专门学习的陶华碧，只有通过看电视来获取知识，这是她学习的重要途径。她自己没读过书，自知没文化的苦处，所以她成立公司之后第一件事就是想着给公司引进一批优秀的人才。最先进来的就是她的大儿子李贵山。李贵山虽然只有高中文凭，但对陶华碧来说，拥有高中文化已经非常不错了，至少比她这个“文盲”要好上许多。

从 1998 年开始，陶华碧就派遣公司的管理人员到广州、深圳和上海等地考察市场，到一些知名企业学习先进的管理经验，并对他们说：“我是老土，但你们不要学我，企业不能这样。你们这些娃娃出去后，都给我带点文化回来。”

其实那个时候的“老干妈”公司里也大多是一些不需要什么文化和知识就能解决的问题，因为刚刚创立不久，就已经在市场上占据了一席之地，但陶华碧的目标可不止这点，她希望未来能够继续将企业做大做强，所以即使在不需要什么管理理念的初期，也要让公司的文化阶层不落后。

有时候一个企业最具竞争力的并不是产品本身，而是人才，人才是最先进的生产力，是拉动发展的第一要素。人力资源优势是一个企业最具潜力、可持续、可依靠的绝对优势，靠人才支撑发展是一条越来越宽广并十分可行的发展路径。越是重视自主创新、重视人才作用的企业，抗冲击的能力就越强。

在之后的经济冲击和金融危机中，各种大小企业纷纷宣布倒闭，但“老干妈”却存活了下来，不仅如此，还保持着相当稳定的增长态势。而当初他们的合作伙伴贵阳第二玻璃厂也是当中的受益者，是“老干妈”的稳定增长带动贵阳二玻也能够存活下来。

一个企业要发展，要抵抗各种突如其来的经济状况，就得引进人才，只有优秀的人才聚集在一起，才能给企业带来更多的机会和生存可能。陶华碧深知此理，因此她将人才收入麾下并加以培养。

事实证明，她的做法十分正确，“老干妈”在之后的发展中获得了重大的成功，是“老干妈”陶华碧的功劳，也是全公司人才一同努力的结果。一个品牌要发展，一个企业要做大，领导不可能“事必躬亲”，引进人才，才能跟上企业发展的步调，否则错失了机会，得不偿失。

老干妈:“我是给你们打工的”

陶华碧对员工的工资福利自然不用多说，对员工的感情投资也不少，而且她认为自己的投资非常值得。

有一天晚上，她看到院子里一群老太太在闲聊，长久没闲聊过的她情不自禁地拿着一个小凳子，走到了老太太们中间。老太太们看见她来了，顿时就把话题转到了她身上，问她:“你赚了那么多钱，几辈子都花不完，还这样拼命干什么?”陶华碧一听，顿时愣了，真的不知该如何回答。那天回家后，她躺在床上一直在思考这一问题，几乎彻夜未眠。第二天，正赶上公司召开全体员工大会，按照会前的安排，作为董事长的她要给员工们讲一讲当前的经济形势，以及如何应对“入世”后的挑战，然后具体工作指标由副总经理下达。会前，长子李贵山就为她拟了一份讲话稿，一遍遍地读给她听。她的记忆力非常好，听了几遍后就能几乎一字不落地背下来。但在会上讲话时，她突然想起昨夜那些老太太向她提出的问题，心里忍不住一阵感慨，于是马上转换话题说:“昨晚，几个老太太问我:‘你有那么多钱，还拼命干什么?’我想了一宿，也没有想出个结果来。看到你们，我现在有了答案:企业我带不走，品牌我也带不走。毛主席说过，未来是你们的。我一想呀，我这么拼命，原来是在给你们打工哩!你们想想是不是这个道理?为了你们自己，你们更要好好干呀!”听到这，所有人都一愣，掌声随即响彻会议室……

情感就是凝聚力，有时甚至就是生产力。

凭着最朴素的感情，凭着企业家最精明的直觉，陶华碧悟出了这个道理。原来，“老干妈”之所以能够这么快地做大做强，全是凭着感情的凝聚力。最初的那套“土”的关心每个员工的原始的规章制度，哪怕企业如今现代化了，依然是“安身立命”之本。

陶华碧的种种情感投入，都是企业的一种社会责任感，就是知道自己在做什么，以及这样做的意义。一个团队的存在，并不仅仅是为了自身的生存，如果仅仅能够养活自己，那么这个团队的存在对社会也就没有任何意义了。

企业社会责任感是指企业对待社会的一种责任态度，是指企业所面临的社会责任，体现的方式包括对社会所做出的有偿与无偿贡献，形式有资助、捐款、由企业出资的建造工程，或是灾难物质的捐助等。

一个企业的存在，绝不能以赚钱为唯一目标。除了赚钱之外，企业还应该服务社会、创造文化、提供就业机会、把高质量的产品和服务以最低的价格提供给消费者。这些都是企业应该具有的目标，也可以说是企业的使命。一个企业如果从管理层到普通员工都能形成这样的责任感，那么这个企业最终一定会有大的发展。仔细研究那些世界著名企业，我们会发现，任何一家企业都不是以赢利为自己的最高使命，它们大多以服务社会、造福人类、改变生活之类的崇高使命作为自己企业文化的核心。

英国企业家康那德说过：“领导是行动而不是位置。”领导要率先垂范，以身作则。法国企业界有句名言：“爱你的员工吧，他会百倍地爱你的企业。”对职工充满关爱，职工自然会感激领导。孔子曰：“仁者爱人，泛爱众。”一个优秀的老师希望自己的学生能有所成就，一个合格的领导也希望自己的下属能够有所作为。作为一个领导，必须要有善心、善举，真诚待人、以心换心，对下属要多赞扬、多帮助、多包容，把他们当作自己的亲人一样对待，付出爱心、充满爱意、以德服人。“小胜靠智，大胜靠德”，要善于调动他们的积极性、主动性，给他们提供发挥才能的舞台，增强他们的成就感，体现他们的价值。

告别“人情文化”

陶华碧自幼家境不好，日子过得穷，曾经从她的那些亲戚处获取了不少的帮助，也就是说，她欠着人家的人情，所以当她的事业走上了平稳的康庄大道时，就开始回报那些曾经帮助过她的亲戚们。

人在困难时帮过她，所以自己有钱了帮助一下他人也是应该的。

那时候因为“老干妈”公司需要大量的辣椒，所以陶华碧的很多乡下老乡都把自己种的辣椒送到贵阳。其实这样的不正规散户并不在陶华碧的原料采购清单上，不过限于人情上磨不开面子，陶华碧都会收下辣椒，而且价格上也绝不含糊。有一次，陶华碧的姐姐拉了一车辣椒过来，她依然是按照往常一样收了下来。结果没多久，质检部门的负责人就跑过来报告：辣椒中有小石子。这件事让陶华碧大为光火，十分生气。要知道，别人家的辣椒别说是石子了，就连辣椒蒂都得提前剪掉。如果质检部门没有发现这些石子呢？可能它们会被装进一罐罐辣酱里，最终上了顾客的餐桌。向来把“老干妈”辣酱的质量视为生命的她，再也忍受不了这个打着“人情”旗号的姐姐，她当众向姐姐发火，说以后再也不会收她的辣椒，并让她把这车辣椒也拉走。已经上了年纪的姐姐哪里受得了陶华碧说的这些狠话，当场就哭了出来。她觉得陶华碧不讲人情，对她这个亲姐姐都说这样的话，完全就是有了钱不认人。

这件事情对于陶华碧的触动很大，她开始意识到，是时候向人情文化说再见了。在“老干妈”创立之初，熟人的帮忙曾经给陶华碧很大的安慰。当时她一个人撑起了整个企业，后来也招了家乡一些知根知底的人。因为是熟人，所以干起活来也不好意思省力气，平时有什么需要加班突击的任务，陶华碧也可以很好地和他们沟通。但是随着“老干妈”逐渐壮大，“人情管理”的弊端开始凸显，不少人借着自己和陶华碧相熟，或者是“老干妈”的早期员工，开始通过不规范的做事方式为自己谋利。上述事情就是最好的佐证，其实当时还有其他类似情况，陶华碧最终选择了从最亲密的姐姐的这件事开始治理，一次性消除这种现象。

除此之外，此事之后陶华碧让大儿子李贵山建立了最初的“老干妈”管理条例，开始铺设“老干妈”的现代化管理制度。其实，从自己的亲姐姐入手治理，肯定是一件很难做的事情，但是为了“老干妈”未来的发展，陶华碧只能这样做。企业尚未长大的时候，人情文化可能利大于弊，但是当时“老干妈”已经走上了快速发展的道路，曾经的人情文化变成了前行路上的绊脚石。

很多企业在招聘时容易遇到所谓的“关系户”问题，应聘者多是关系单位、上级部门、内部关系及熟人推荐来的亲朋好友，企业对此事也都非常头疼，一边是人情，一边是公司的效益问题。

公司经常会遇到这类问题，有些是不好拒绝的，如果企业接收的人是可用的还好，如果不是可用之人企业的损失是很大的。

元老及亲戚问题一直是困扰中国民营企业的大问题。公司元老的情况差别很大，要区别对待。有些元老能力跟不上了，可是有些还是可用，公司在用人的时候，对于有能力的元老要给他们舞台，让他们充分发挥。对于那些确实通过培训仍无法胜任工作的，公司要通过制度让他们退下来，同时要保证他们的利益。

关于亲戚问题，有时候碍于亲缘关系管理者根本没有办法规范运作公司，并且，很难吸引到人才，谁愿意到这样的公司当“外人”？对于亲戚，应该建议他们逐步离开公司。如果是人才，不管到哪里都有饭吃；如果不是人才，要他们留在公司又有什么用?

陶华碧本身是一个十分崇尚“亲情管理”的人，她对待员工犹如自己的家人，这是亲情管理，可对待自己真正的家人，她却是十分严格的。

如果每个人都像陶华碧的姐姐那样，依仗自己是“关系户”，便做事马马虎虎，对企业的名誉和产品都造成了伤害，这是非常不可取的。亲情也好，人情也罢，只要是为企业好的，都没有问题，但若涉及原则问题，这些所谓人情就完全不可取了。

PART 5
女性的力量

女性逆袭的亮点不在于成功的结果，而在于为自己绽放的姿态。

董明珠：女性不是配角

在“大众创业”、“万众创新”的时代，可能每一个人都会寻找到一个最合适自己的角色，我觉得这个很重要。当然，我鼓励女性都走向社会，在创新发展的过程中，用我们自身的努力去做一份贡献。但是有一部分女性，能够把家里呵护好，未必不是一种贡献。反过来，因为一些女性太能干，男性回家守住家务，也未必不是一件好事。

——董明珠——

霸气的背后是底气

“我是绝对不会犯错的！”

“我从来就没有失误过，我从不认错，我永远都是对的！”

董明珠在许多公开场合面对记者时说过这些话。如此强大的气场，即使是在全世界，恐怕也很难见到几个。她敢这么说，是源于她的自信和担当。

现如今，一个锋芒毕露、强势的人，很难成为周围人的朋友，没人愿意别人对自己指手画脚、喋喋不休。董明珠称自己没什么朋友，她甚至曾跟自己的哥哥闹过多年的矛盾。的确，狮子座的她被称之为“霸道总裁”，也得罪过一些人。要知道，一个处处得罪人、毫不讲情面的人，是并不受欢迎的。

只能说，董明珠霸气的背后是底气。

董明珠自工作以来，从未有过假期，带病也要坚持上班，一心扑在工作上，几乎牺牲了个人所有的时间。1994 年，格力销售额 4.6 亿元，董明珠一个人就完成了 1.6 亿元；她担任经营部长当年，格力空调销售额就达到 2.8 亿元，是一年前销售额的 7 倍之多;2012 年底，当时国家家电企业只有海尔和美的销售额过亿，而格力专注于空调，一个单品就过了千亿；2013 年，格力电器实现营业收入 1200.30 亿元，比上年同期增长近两成。

格力崛起之前，空调业的核心技术掌握在日本大金公司手里。早年格力也曾经上门虚心求教，想出高价购买多联式中央空调的技术，不料日本公司说，我们用了 16 年才研发出来的技术，不会卖给任何一个中国公司。受了这样的刺激，后来格力的研发人员在没有图纸的情况下，实现了一拖四、一拖八的突破，到现在格力在一拖多领域都是世界领先。

董明珠虽然不是技术出身，但她的市场嗅觉很灵敏，她经常给技术人员出难题，比如电这么贵，能不能生产出来不用电的空调？技术人员傻眼了，这怎么可能呢？但是董明珠发挥了她的“霸道”，她不管这些，她提出了方向，就必须按照她的方向做。至于怎么想办法，就是你们自己的事。

经历了无数次实验，烧坏了无数电机，最后格力果真研发出了太阳能光伏空调。

正是在技术研发领域疯狂甚至不计成本的投入，才有了格力今天的市场地位。

在公司内部，她还逐渐完善了各种管理制度，并切实执行起来。2014 年，格力电器员工有 8 万多人，产值 1400 多亿元，但是一年招待费不超过 500 万元，公司内部建有纪检办公室、审计办公室，并且全年运作。

在管理上，董明珠一直以霸道和铁腕著称。对任何一个违反公司制度和纪律的人，她都“毫不手软”。她一旦决定大刀阔斧地改革，就必然会触犯到一些人的利益，但董明珠的目标并不是为了世俗的东西，她觉得为了格力的发展，即使得罪一些人，也要迎难而上。

在董明珠所创造的业绩面前，再雄辩的理论也显得微不足道。董明珠霸道，是因为她对自己的每一个决定都是深思熟虑的，她拥有无比的自信，而这自信背后，是她对公司的责任。她对自己决策的坚持，并非出于倔强或者固执，而是一种理性思考下的自信。

工作中的董明珠，从来没有承认过“女性特质”在她事业中的作用，她从不强调自己的女性身份，也反感女性把自己的性别当作一种区别和依赖。在她看来，男女之间并没有什么不同，不会因为你是女性就能少做点工作。

那句“我永远都是对的”则包含着董明珠第一次就要把事情做对的管理理念。

第一次就做对，这是每个企业对员工的基本要求。但在实际工作中，有时即使是最简单的工作，仍有人会一错再错。

董明珠要求员工们时时秉持“第一次做对”的观念，企业的经营者同样也要重视这个观念。无论是在做一件普通的工作，还是经营一个大企业，都要抱着“第一次就把事情做对”的态度，唯有如此，才能尽量避免发生错误，才能尽量减少经济损失。

也许有人会说：“第一次做得不对，以后还可以做第二次、第三次。”的确，第一次没做对的事情，第二次重新做，甚至第三次再做，可能效果会比第一次还好一点。但是，肯定会既浪费时间，又浪费精力。假如没有及时发现错误，就会给自己和他人都造成损失。

董明珠经常强调:“我做到的，你们也一定要做到!”她的无私无畏、以身作则是有目共睹的，所以她才会用自己的方式严格要求下属，从而打造出纪律严明的格力队伍。在格力公司，员工们看她的自传会泪流满面，能在电梯里遇到她，会觉得是很大的荣耀。有些人仰慕她的大名，专程坐飞机而来，只为见她一面……

之所以如此“霸道而自信”，还是因为董明珠是一个善于观察，一心只为公司考虑的人。她担任经理时，发现格力每个部门的领导都有对员工工资进行二次分配的权力。因此，他们会毫无原则地拖欠员工的工资，拉大员工之间的差别。比如一名员工是一位领导的老乡，这名员工就很容易被委任为班长，班长跟普通员工就有着上千元的收入差距。

董明珠果断地结束了这种不正常的机制，把带班班长的工资，减到跟普通员工的工资差距不超过 400 元，并且尽力回避各种裙带关系。这调动了大部分员工工作的积极性，而员工听她、敬她也就成为顺理成章的事情。

有一件事一直让董明珠无法忘怀。那一年，她前去日本考察，日本某公司的一位高级职员陪了她一整天。晚上回到宾馆时，她对这名日本员工说:“快回家吧，都 10 点了，不早了。”可这位员工却说:“不，我要回公司，因为今天陪贵宾参观，该做的工作还没有完成。我要回去把工作做完。”

这位职员说话时的神态非常自然而且认真，丝毫没有不情愿的感觉，这让董明珠念念不忘。回国后，她时常拿这件事激励自己的员工。

她说:“如果我们对企业不负责任，只是想着上班拿走工资，只顾我们自己的眼前利益，如果所有的人都这样做，企业亏损了，我们也不会有好日子过。再往大了说，国家弱了，外国人也不会给你好脸色看！”

她意味深长地说：“我们如果能像韩国、日本一样，每个人都在岗位上忘我地工作，认真去为一种民族的精神而努力，国家就一定会富强！”

原来，振兴企业、振兴民族，这强大的目标与底气才是董明珠“霸道”的原因！

董明珠的“霸道”最后取得了应有的效果。很多员工深受感染，纷纷表示，虽然严明的纪律让他们不太适应，但是他们也承认，这么做是必须的，他们应该努力适应这种严格的工作作风。

空调市场从来就没有平静过，但格力在全国市场的领先地位，与董明珠的“霸道”作风是密不可分的。她不仅霸道，同时也不失柔性，她用自己的方式改变着同事的作风，用自己的作风带领格力在风云变幻的家电市场不断创造着奇迹：格力空调连续十几年产销量、市场占有率均居行业榜首！

大概没有什么困难能够难倒这个“霸道而又不是没道理”的女人。董明珠的这种性格，决定了她的人生发展轨迹，她不愿依靠别人，不愿从别人那里得到施舍，情愿依靠自己的努力去打拼。她在艰难创业、成就事业的旅途中，在激烈的市场竞争中，永不放弃，永不言败，不仅敢想敢做，而且永不动摇。在巨大的压力和阻力下，她始终能保持冷静和从容。所以，她的霸气会让任何艰难险阻在她面前都垂下头来。

谈到过去和现在，人生无常，过去的转折成就了今天万众瞩目的她。有个记者问过她：“现在的董明珠幸福，还是原来的董明珠幸福？”她思索了一会儿，说：“幸福不幸福，没有研究过。但是我比较满意。老同学聚会，她们有的人安于现状，有的人依靠老公，也挺有钱的。我跟她们肯定谈不到一块儿，但我还是得到了她们的尊重，所以我觉得自己很幸福。我还是属于比较有理想、有抱负的人，追求一种美的境界。”

一面强势，一面柔情

作为空调业女强人，强势是董明珠传达给外界最强烈的信号，“不能输，争一口气，不喜欢求人”是她的口头禅。从1990年进入空调行业，到后来的格力空调总经理，再到现在的格力总裁，她已集权力和财富于一身，实现了自己的事业追求，也成就了一个伟大的企业。

是什么支撑她在竞争激烈的空调行业坚持下来的呢？董明珠从小就跟其他女人不太一样，她立志做点事业。只要涉及工作，她从不让个人利益占上风。在崇尚中庸之道的中国，这种咄咄逼人的风格让她特立独行。

两会上，她作为人大代表，总是能吸引一大批记者的围堵。

她在会上直言：“工作中没有柔情可言，和谐都是斗争出来的。”说这句话时，下属就坐在下面。

曲高和寡，董明珠的精神世界略显孤独。工作之余，读书是她为数不多的爱好之一。她向往书中的生活：“书里的人是人，我们也是人，为什么不能像书里的人一样生活？”离开了空调市场的激烈竞争，生活中的董明珠尽显单纯：“我相信爱情、生命和自由，向往小说中完美、浪漫的生活。”

在许多人的印象中，她的形象已经定格了。人们通过媒体了解到的她，几乎无一不是非常强硬的男性化女人。然而生活中，她又是一个怎样的人呢？

其实，董明珠很女人。她爱看电视，“逮着时间就会看一会儿”；爱穿漂亮衣服，“反正好看的衣服我都爱穿”；爱帮助人，曾捐款几十万帮助治愈自闭症儿童；爱与员工打成一片，“私底下跟员工关系很随便”。大家发现了好看的衣服，会第一时间通知她，下班后，她会跟随别人一起去“淘宝”。

她几乎从来都不穿职业装。不穿职业装的高贵典雅形象，让她在外界收获了“女强人”的称号外，还获得了诸如“铿锵玫瑰”、“满脑袋都是绝招的美丽女人”、“营销凤凰”等称号。

她喜欢时尚的服饰，特别喜欢纯洁的色彩，尤其是米色的服饰，她觉得米色的服饰能让她显得高贵、典雅。她说：“我是个女人，为什么非得穿白领套装不可？我喜欢自由自在地穿一些漂亮的衣服，穿这样的衣服，我的心里就会感到轻松、快乐。”

她也喜欢别人称赞她漂亮美丽。有人曾经故意在一个比较特殊的场合说她“很普通的一个女人，并不漂亮，长得很一般”，还故意让她听到。

这时候，董明珠就非常认真地说：“我们家里，我是几个兄弟姐妹中长得最一般的人，但是在外面，我却是最漂亮的。我觉得跟我交谈的人，总能获得快乐。一个能带给别人快乐的人，就是最漂亮的人。”

她说完，自己笑了。在场的所有人，也笑了。

董明珠喜欢穿上漂亮的衣服，保持着自己的美丽。在镜头面前、会场之上，她穿的衣服都很得宜。在以男性为主导的家电行业里，无论她走到哪里，她的落落大方，都会让她和身边西装革履的男士们自然地区分开来。

不少生意场上的人，不相信董明珠超乎寻常，专程坐飞机来拜访和验证她。结果，这些人看到董明珠后，都忍不住在她面前感叹道：“你真漂亮，你太漂亮了！”

好多人在第一次见到董明珠时，都会忍不住地问她：“你真是董明珠吗？”发问者忽然发觉，董明珠很有女人味，尤其是她不谈工作时，更是如此。

董明珠本来就是一个女人，一个有血有肉的女人，与其他女人一样，她爱美丽、爱漂亮，这再正常不过了。

除了喜欢穿漂亮衣服外，她的手也很巧。她很喜欢绣花，而且绣得很漂亮。在南京老家时，家里挂着的窗帘和桌子上铺着的布帘，都是她自己亲自设计、亲自绣的。每每提起这个来，她的脸上总会浮现出甜甜的笑容。

她还特别爱拍照。她的办公桌上，摆放着各种令她满意的照片。只要有了满意的新照片，她都会及时把它放到相框里。有一张照片她穿着一件露肩的深蓝色条格裙装，脚上穿一双白色的旅游鞋，款款地蹲在溪中的石头上，一双手撩起水花，喜笑颜开得如同绽开了的鲜花。对于爱漂亮，爱穿好看衣服的董明珠来说，如此美妙的时光，实在是太难能可贵，太值得留念了！她永远不可能像其他女人那样，享受闲暇的周末时光或是每年的小长假出外旅旅游，对她来说，没有假期的生活，每天都是那么忙碌，每时每刻都在为格力的发展努力工作。

董明珠还特别喜欢看电影、电视剧。跟很多女性一样，她也着迷韩剧。看完《蓝色生死恋》，她会津津乐道地给大家讲她的心情、她的喜怒哀乐。她几乎很少提及自己的家庭，但是却经常聊起自己的儿子。聊起儿子时，她锐利的眼神中就会笼上一层母性的光辉，传递给别人的，满满的都是温柔的母爱。说起儿子的独立，她非常自豪。“他独立不是遗传，生活经历让他不得不这样。”这也让她感到很放心。

董明珠说：“等我退休时，我也会把自己的生活安排得井井有条，跟天下所有女人一样，充满温馨、充满情趣、充满快乐。”

她说，她目前这种状况，是环境所逼的。她也可以做一个真正的女人。

其实，每个坚强的人性格之中，都会有柔软的一面。董明珠作为一个女人，也不会例外。

在极少的空闲时间里，她也会兴致勃勃地逛一逛折扣店，在琳琅满目的商品里寻找自己的目标。看到满意的东西，她会砍价还价，绝不放过。尽管她的收入完全可以支付得起，但她喜欢物美价廉的东西，价格特别昂贵的东西，她从来不买。每次一淘到中意的东西，她都会兴奋不已。

她知道穿衣打扮在生活中的真实地位。她说："如果生活是一棵大树，那服装和化妆品就是这棵大树上的枝丫和叶子，而不是大树的主要部分。"在她的生命旅途中，说到底，格力才是最重要的。为了格力，她甚至认为她实在有些对不起自己的儿子。

扑在工作上的董明珠，无论遇到多么大的困难和打击，都会一如既往地表现出女强人的风范。可是生活中，她身上的每一个特点，又都是另一道靓丽的风景，散发出其独特的魅力。

生活中，董明珠还喜欢游泳和下棋。她把人生比喻为下棋，说："下棋的时候，要不断思考，做事也一样，需要不断博弈。"差别是现实中的博弈更加需要的是共同进步、互相提高。她认为，一个没有压力的人会落后，只有竞争，才能有创新。

员工私下里这样评价她："她挺可怜的，每天都休息不好，看病都没有时间，而且是一个人生活，没有人陪伴。"

很多经销商这么评价她："董明珠很厉害，对我们很凶。但是我们愿意跟着她，跟着她，永远都不会输。"他们知道，格力一直在用诚信感动着别人，跟格力做生意，永远不用到厂里讨价还价、讨政策，跟着董明珠绝对有安全感。因为董明珠从不搞价格战，而价格战其实是对消费者和行业的不负责任。

朱江洪这么评价董明珠："董明珠这个人，嘴上虽然不饶人，但是内心却是真心实意地帮你的忙。刀子嘴，豆腐心。"

在董明珠看来，面对市场这盘棋，不是必须一方赢，另一方输，而是双赢。她说棋行天下，并非统一天下，而是和所有人一起走下去。正和博弈的首要任务就是寻找志同道合者。

当大家都知道她像维护自己的利益一样维护对方的利益时，彼此的合作就会互相尊重。这也体现了董明珠强势外表下的另一种柔情——她关注的不是自身的利益，而是双方的共赢。她不自私，而且大气。

在董明珠铁腕的背后，有着似水般的柔情，而她不经意间流露出的一丝柔情，会让大家感到兴奋和激动。因为熟悉她的人都知道，她是为了工作，为了信仰，才把自己女性柔情的一面隐藏到内心深处某个角落里，不轻易让它显现出来。

而董明珠说："一个企业家，如果单单学着用女性所有的亲和力就可以改变一切的话，那所有的事业都让女性来做就可以了。我认为，一个女性，除了美丽漂亮，她在做管理工作时，必须拿出真本事来，与男人没什么差异。"

在她坐到格力电器总裁兼董事长的位置时，有人亦假亦真地奉劝她："夹着尾巴做人。"她听了马上回答道："我为什么要夹着尾巴做人呢？我只有一个信条，就是光明磊落地做人。"

春风不解风情，董明珠身上无疑存在着非常矛盾的两面性，一面是强悍霸道，一面是柔情满怀。但不论怎样，在岁月的长河中，她始终都是那么自信而美丽，迎接着一场又一场挑战。

重新定义职场女性

著名主持人陈鲁豫曾经到珠海去采访董明珠，问过她这样一个问题：“作为女性，你认为身家和美貌，哪一个更重要？”

董明珠回答她：“我觉得一个女人最大的成功在于自信，而不是身家或美貌。宁可坐在宝马里哭，也不愿意坐在自行车上笑，是一种错误的选择。女性能否成功，不应该是靠外貌，而是靠内涵。现在社会对女性的歧视，很大的原因在于女性对自己性别的‘歧视’，只有自己强大了，才是真正的强大。”

在董明珠的意识里，她从不认为自己取得今天的成就，处在今天的位置，是靠自己女性的身份得到的。她说，商场没有眼泪。她选择制造业这个行业，不是一种命运的偶然，而是因为她喜欢。她千里迢迢辞掉工作背井离乡来到珠海，不是一个偶然。但选择珠海，又是一个偶然，因为珠海于她而言，实在是太美了！她选择销售，是因为这个工作对她来说，非常具有挑战性，她其实并不擅长跟人打交道，她骨子里比较较劲，爱讲真话，从小便是这样。她有什么想法，肯定就会表达出来，她觉得营销不是靠吹，除了靠勤奋，还要对客户真诚以待。她做营销，靠的是坚持，不成功则成仁。

董明珠说，假如她去当兵，一定是个好战士，因为她的执行力特别强。她做销售，靠的就是自己与众不同的想法，以及坚决自信的执行力。这是一种韧性，不怕吃苦的韧性。作为一个女人，她吃了很多苦，但没有抱怨过，而是乐在其中，她觉得那是自己的目标，她愿意不停歇地追求。至于后来，她用实际行动证明了自己的价值，在别人眼里，她是一个女强人，是一个成功的女企业家，但她从一开始就没想过这个问题。对她而言，所谓的成功是什么？不是别人给定义的，而在于自己不断地追逐。

12岁时，有次班里组织去游泳，董明珠觉得很难，不想去，老师说她个子那么高，为什么不去。结果这句话激发了她，她说去就去，到了之后，老师杵个棍子，让她站在一边等一会儿，别人游完一圈回来后就教她。结果那么短的时间，她差点淹死在水里面。大家都觉得她以后不会再游泳了，但是从那天起，董明珠决定一定要学会游泳而且得游好。

这就是董明珠的性格，十分较真，跟自己较劲。正是这种较真、执着，一路伴随她成长，她大刀阔斧地推行改革，进行创新，用自己的头脑和意志力，数次在公司至关重要的关头，发挥着扭转乾坤的作用。

2009年，格力与日本大金合资建厂，合作控股，但针对控股问题，没谈成满意条件。董明珠为此专门飞到了日本，亲自找大金社长谈判。谈到激动处，她忍不住拍桌子。这种剑拔弩张的气势把日本人吓坏了，最终将条件谈成了，格力合作控股占51%。董明珠说，她愿意用自己的道理说服对方，而不是用自己女性的身份博取同情。

她还常说，为什么要有妇女节这样的节日呢？我们女性自己应该把这种节日取消掉，这种节本身就是一种歧视的体现。

有人问董明珠，你最推崇的女性是谁？她说是《血疑》里的山口百惠。因为她是被保护的、纯真的、乐于帮助别人的。这个回答让我们多少有点惊讶，董明珠似乎从来就不是一个被人保护的人，她性格里有某种纯真和执拗的东西，这是她的可贵之处，正因如此，她乐意去帮助别人。她像一个一路披荆斩棘好不容易走过来的人，个中艰辛令她在不知不觉中得以超脱，天性的善良又使她真实，这两种品格组织在一起，使她站在一个很高的位置，希望看到下面的人们能如她所希望的一样纯真，她愿意把自己的精神传扬出去，让更多的人能够从中吸取到什么。她强调，女性要靠自身的努力，最大程度地实现个人最大的价值。如今已经是信息化的时代，女性跟男性之间已经不存在多大的差异，所以女性成功的比例是很高的。

董明珠十分注意给女性员工创造机会，她绝不会对女性存在歧视态度。公司里有个女大学生是搞技术的，她后来发现那个女孩非常有管理才能，但女孩自己没有发觉本人有这方面的能力。于是，董明珠就创造机会给她，让她实现了个人价值的最大化。这个女孩在格力从事技术专业 8 年时间，但是到了领导岗位只有两年时间，其展现出来的才华，比在大学学的技术专业表现得还好。所以，董明珠说，女性除了要靠自己的努力之外，公司还要尽可能地创造机会、营造环境给她们，让她们能够展示自己。

格力电器虽然是一个传统产业，是一个制造空调的行业，也是以男性为主的企业，但当下是一个走向智能化的时代，女性的比例越来越高。在格力，不仅仅是在管理岗位，而且在技术领域、专业领域，女性的能力都得到了很好的发挥。董明珠说，中国对女性的重视程度非常高，妇联每年都会为女企业家或女性知识分子举行各种各样的论坛，通过各种交流，把女性的各种潜质挖掘出来。女性生活在这个时代，还是非常幸福的。

李克强总理在政府工作报告中提出大众创业、万众创新。大众创业包括女性创业，比如“巾帼创业就业行动”。有记者向董明珠提问，希望她给女性同胞支支着儿。董明珠说：“在‘大众创业’、‘万众创新’的时代，可能每一个人都会寻找到一个最合适自己的角色，我觉得这个很重要。当然，我鼓励女性都走向社会，在创新发展的过程中，用我们自身的努力去做一份贡献。但是有一部分女性，能够把家里呵护好，未必不是一种贡献。反过来，因为一些女性太能干，男性回家守住家务，也未必不是一件好事。”

同时，董明珠还认为，这是一个新的时代，女性有更多的机会和平台把思想和智慧释放出来，“为我们中国真正走向世界，成为一个强国，特别是我们中国人要让全世界受到尊重，我们把我们的产品，不仅是让中国人用，而是让全世界都来用，那就是我们的梦想”。

在倡导女性半边天、女性权利的今天，女人不再成为男人的附属品，更多的女性成为他们职场上的竞争对手，许多女性在工作中，往往比男性做得好，发挥得更出色。这说明女性通过努力，是可以证明自己的价值的。董明珠的观点及其个人的传奇经历，对每个女性来说，都是一部可以警醒自身的书，这本书需要天下女性慢慢去品。你会发现，其实每个女性都有机会成为时代的弄潮儿，就算不是发红发紫，至少也会成为人生路上一道靓丽的风景线。女性不应该完全依附于男性，不依附于男性的女性，才是最可爱的。

取与舍，成功背后的遗憾

“也许人生不能两全，成功背后总是有遗憾”，提起儿子，董明珠总是忍不住心生愧疚和遗憾，一面是事业上取得了辉煌的成就，一面却是20多年来几乎没尽到母亲的责任。每次谈到儿子，她却会瞬间由女强人变成温柔敦厚的母亲。如果人生可以重来，她说，希望自己可以做一个普通家庭的妇女，对儿子多一些付出和关爱，让儿子在她无微不至的照顾下，健康快乐地生活。

36岁那年董明珠离开南京去深圳打拼，后来机缘巧合来到珠海，一直忙着工作，儿子在8岁时就交给了奶奶抚养，工作这么多年，除了出差抽空回家看看儿子，她几乎就没跟儿子见过面，两人之间的电话也很少，想说的话太多，但有时真的面对面坐在一起，彼此又不知从何说起。

所幸，虽然儿子从小缺失了母亲的照顾，但却非常懂事。他既没有抱怨过母亲，也没有让母亲担心过。儿子学习非常努力，研究生毕业后，自己找到了工作，拿着工薪族的工资，过着普通人的生活。

1995年11月，董明珠抱病出差的途中发起了高烧，不得不住进武汉的医院治疗。正在南京上学的儿子得知了这一消息，前去看她。望着只有12岁的儿子，董明珠泪流满面。夜晚，她站在医院的阳台上，凝望着武汉三镇的万家灯火，猛然发现：成功的背后总有遗憾……

董明珠承认，这么多年，只有在远离格力的时候，自己才是一个母亲，才是一个女人。自己对得起公司，对得起客户，但唯独对不起家人，尤其是儿子。她离开儿子时，他才刚上小学二年级。董明珠每次出差回家看儿子，都会看到儿子很懂事，更不要说抱怨她了。他会像只小猫一样紧紧依偎着她，仿佛只要一松手，她就会离开他一样。外婆叫他早点睡觉，他拼命摇头，说自己不困。但只要董明珠说："快去睡吧，妈妈一会儿就去陪你。"他就唰地一下蹿到床上去。

有一次董明珠出门后，发现有件东西忘记拿了，赶紧返回家里去拿。经过孩子房间时，她想把被子打开，再看孩子一眼，结果却发现孩子蒙在被子里哭。董明珠的心一下子碎了，那一刻，她意识到作为一个母亲，自己给孩子的实在是太少太少了。独生子看到妈妈回来后，赶紧把眼泪擦干，笑着对她说："妈妈你快走吧，我没事的，没事的。"

看到孩子这么小就这么懂事，明明不想妈妈走，却忍着不说出来。她搂住儿子，眼泪再也忍不住流了下来。那一刻她想过要放弃所有的一切，好好地陪着儿子，看着他健康地成长。但是，在儿子和工作面前，她还是咬紧牙关选择了工作。

那一幕，是董明珠这辈子挥之不去的痛。她对儿子心存愧疚，可她对待工作比对待儿子，花了多过几千倍的精力。但儿子如此懂事，她也宽慰了不少。

在南京做格力空调销售的两年多里，董明珠几乎每天都在市场奔波，很少回家看望家人和孩子，有时偶尔路过家门回去看一眼，也是深更半夜了。那时候家里人都已经入睡，她第二天早上很早又离开了家，几乎见不到儿子的面，更说不上几句话。

等到南京市场大获全胜，她才决定回家待几天，好好陪陪母亲和儿子。

那天的情形让董明珠再次终生难忘。她记得儿子回到家，看到她坐在沙发上，特别高兴。可是公司突然打来电话，说格力有一批销售员集体辞职了，要她回总部处理经营工作。

董明珠来不及跟儿子说几句话，就收拾行李向火车站奔去。上火车的那一刹那，她清楚地看到儿子脸上的泪水，她的眼泪也止不住地流下来。

儿子12岁那年第一次坐飞机，他问妈妈："乘飞机那天你能不能送送我？"此时的董明珠已经小有所成，她有足够的经济条件和实力答应儿子的要求，但是面对儿子殷切的目光，她却拒绝了。理由是，她没有时间！儿子问能不能让她的同事去送送他？她同样严词拒绝了。

12岁的孩子，一个人从珠海乘公交车到广州机场坐飞机，到了目的地，飞一般从机场冲了出去，那种内心的不安和紧张可想而知。这件事被在机场迎接儿子的同事说出来，董明珠几度哽咽。她问自己，是不是做得太过分了？她对儿子如此残酷，当时的机场还比较乱，万一儿子出了什么事，她该怎么办？她完全能想象得到，一个12岁的男孩子一个人做那些事情时，内心有着怎样的恐惧！

其实，儿子希望她去送送他，也许是眷恋那一会儿跟她在一起的时光。那份对亲情的盼望，却在她这里戛然而止。因为董明珠对众多父母过度宠溺孩子而感到厌烦，所以她对儿子的爱才显得那么薄淡。其实，她只是希望能好好地磨炼一下自己的儿子。

这样的方式方法究竟对不对，也是众说纷纭。毕竟是个孩子，母爱温柔的呵护其实是非常重要的，孩子内心的温暖和安全感来自于大人们的给予。但不管怎么说，天底下的母亲，绝大多数是支持多多关心孩子的。

好在儿子慢慢长大后，再也不在妈妈面前掉眼泪了，还会反过来开玩笑地对她说：“报纸电视上天天表扬妈妈，也应该表扬表扬我啊，因为我从来没让你操过心。”

每日忙于烦琐工作的董明珠，在夜深人静时，想起这些年来儿子的成长历程，心里会发出怎样的感慨啊！

因为董明珠不愿意像别的父母那样溺爱孩子，儿子 11 岁时就被送进了寄宿学校，她认为溺爱孩子对孩子没有任何好处，也不是表达母爱的最佳方式。她希望孩子能学会坚强和独立，在她看来，最好的母爱是给孩子一个成长的空间，让孩子独立去判断事物。

儿子长大了，独立自主，有着自己的奋斗目标，并通过自己的努力成才，这才是董明珠最为欣慰的。

儿子对她说，他不希望别人因她而认识自己，更不想借助董明珠这个平台，他要靠自己的努力，像个普通人一样在社会上竞争。他甚至不想在认识他的地方选择工作，他要找没人认识他的地方，他希望在这个过程中找到做自己的感觉。

儿子避开她的光芒，寻找自己的工作，这是董明珠所期待的，她为儿子骄傲。

因为工作忙，董明珠几乎没时间跟儿子见面，这么一次大好的机会，他们两个却心甘情愿地放弃了。董明珠培养出了这么有志气、有骨气的儿子，她怎能不高兴、不欣慰呢！

但是长时间不见面，他们突然见到了对方，也不知如何表达自己的感情，因为这份感情压抑得太久太久了。

2006 年，在荣获“CCTV 中国经济年度人物”后，董明珠站在台上领奖时，她没有哭。可是，收到儿子一条短信：“亲爱的妈妈，恭喜你。”她顿时泪如雨下。

这么深沉压抑的感情，她藏得太深太深了，瞬间爆发，感动了很多人。

她记得儿子只跟她发过一次火。那次两人在谈话，谈得正起劲时，电话忽然响了，儿子忍无可忍地走过去，把电话线给拔了。

他说："老是在跟你沟通得很有感觉时，却被你的电话给破坏掉。"

董明珠那时才知道，并不是儿子不愿给她打电话，而是怕影响她工作，因为他知道她很忙。其实，儿子有很多话想对她说，而她又何尝不是如此呢?

生活总要有取舍，每个人的目标不同，选择怎样的生活，就要为之不断努力付出，直到被认可。虽然董明珠因为事业的原因，一直以来对儿子的照顾很少，也很歉疚，但是她从不后悔。如今，不论儿子能创造多少财富，董明珠只希望他能通过自己的努力实现自己的人生目标，做独立、自强的人，这样她就感到很满足了。

董明珠最喜欢听陈琳唱的那首歌："藏起想哭的心，对你撒个真诚的谎……" 董明珠觉得，这首歌总能表达出她对儿子的心情。

这样的母子情深，深沉而包容，自强而温存。

陶华碧：
女性光华在于魄力

凭自己真本事做些事情，这样活得才有意义。不要想赚便宜钱，只要留得青山在，你还怕没得柴烧嘛。好生生去做，自己打下一片天，我觉得才是真本事，才有意义。人的一生当中，遇到困难的时候很多，但是我不怕。

——陶华碧——

困境之下，不让步才有出路

急事，慢慢地说；大事，明白地说；小事，风趣地说；没把握的事，严谨地说；没发生的事，不要胡说；做不到的事，别胡说；损害人的事，别乱说；伤心的事，不要见人就说；别人的事，轻易不说；自己的事，先听听自己的心怎么说。

这是我们常听到的几句话，其含义是要我们要学会忍耐，学会宽容，学会自强，尤其是不要逢人就说自己的苦难，因为苦难是人生的财富，可能它曾带给你一段黑暗的时光，让你伤心或者悲痛，甚至带给你身体上的伤害，但过后，它往往会让你明白很多事，成为你生命中最坚硬的外壳，并在今后的生活中，促使你不断奋进，直到走向成功。

在陶华碧的一生中，幼年时期算是平平淡淡，虽然常常吃不饱穿不暖，但也没有什么大风大浪或者特别艰难的事，倒是结婚后当丈夫卧病在床时，那真是最艰难的时候，一个女人要像男人那般出去工作挣钱才能让孩子们不受饿，每天起早贪黑的，双手双腿都留下了不少的后遗症。那时，陶华碧确实受了不少的罪，但是她没有逢人就说自己的苦和累，以博得更多的同情或者其他的东西。她曾说，她非常感谢那些过往的岁月留给她的痕迹，因为她从中学到了宽容和理解，学到了诚信和友善。

陶华碧还说：“在一个人遇到苦难的时候，绝不要让步。”

记者问：遇到外界压力你会妥协吗？

她说：“如果妥协，另外一拨人又会来，还会变本加厉。一个人在遇到困难的时候，绝对不要让步，就要跟他打。要打仗就要打赢。创业初期，有时我一天要打三次架，跟税务打，跟城管打，跟工商打。”

所谓“打”，就是打交道，争取自己的权益。一个曾经柔弱的女人，变得如此强悍与雷厉风行，这不得不说是岁月的馈赠，是苦难带给她的成长。

陶华碧又和他拥有共同之处。陶华碧建立公司时，她请来了很多能人，帮助她打理公司的财务、税务、工商、营销策略等等方面。她只是一心研制产品配方，甚至会奔到一线去工作，她作为董事长却从来不会因为自己的身份和已经获得的成就就看低他人，她的谦逊和委婉为她赢来了更多人的支持、鼓励、信任和尊重。

一个真正聪明的人，总是以拙御巧，绝不会到处卖弄自己的学识。只有大愚之人才总是自命不凡。

不在意自己的成就，才能一直谦逊，一直向前，那么也就会走向成功。

“老干妈”已经拥有了如此大的知名度和成就，她却从来没有过任何的负面新闻，不搞花样，不偷税漏税，不拖欠工人工资，一直井井有条地打理着自己的公司。

很多企业在遇到问题时，往往只想到如何挽回公司的损失，而不是产品本身。陶华碧却不是，她一心只为产品着想，让产品用质量征服他人，而不是遇到问题时自圆其说。

“老干妈”刚进行全球化战略的时候，因为准备不足，一向受欢迎的辣酱在欧盟的销量遭遇了滑铁卢，不少麻辣酱被欧盟查出因为封闭性不好而存在漏油的问题。没多久，欧盟就开出了重磅惩罚，甚至直接禁止“老干妈”辣酱的上架。

欧美市场一向严苛，可能在国内并不算什么大问题，只要召回或者低价出售仍然有市场，毕竟这个问题并不影响麻辣酱的本质。而且更重要的一点是，这样的包装在美国、加拿大以及国内是没有问题的，欧盟发现的所谓问题只是极少数可以忽略不计的小问题。

对此，“老干妈”非常利索地下了一条命令：研制符合欧盟要求的盖垫，提高密封性。

“老干妈”成立了一个以“环境友好、高值化 PVC 树脂及其特种专用料生产技术开发”为名的课题小组。在“老干妈”的参与推动下，贵州省科技厅积极斡旋，组织国内在 PVC（聚氯乙烯）材料方面具有研究优势的浙江大学等 4 所高校、中科院化学研究所，以及贵州 3 家 PVC 企业，一起进行专项研发。

如今，课题小组建立了科学的绿色环保 PVC 产品指标体系，搭建了高性能 PVC 专用料的生产平台和电石法 PVC 品质稳定化生产工艺技术，攻克了 PVC 耐热改性、PVC 耐老化、绿色化等关键技术难题，同时通过产业化开发，形成了一定规模的工业化生产能力。

目前 4 个课题形成并申报专利 34 项，其中 11 项已获授权。这一系列的成果，已经为“老干妈”再次进入欧盟提供了技术支持。这一次，欧盟绝不可能再找到让“老干妈”下架的理由。

“老干妈”从不因为自己的成就沾沾自喜，也不会惧怕未来的挑战，而是努力去争取自己的利益，不断让企业完成更高的目标，这就是“老干妈”的营销方式，让企业无可挑剔。

面对市场提出的问题和挑战，企业主们都应该积极应对，而不是寻找借口。也许像“老干妈”那样的问题她完全可以忽略，但“老干妈”的处理方式却是想办法让对方满意，这样做的结果是，自己放心了，对方也安心了。这样的生意才能做得长久，做得稳当。

"老干妈"陶华碧回答记者问

电影《中国合伙人》结尾有一张面孔一闪而过，有留学生称其为"女神"，因为在海外，中国学生的宿舍里几乎都会有印有她头像的辣酱，她就是"老干妈"陶华碧。

2012年全国两会期间，全国人大代表、"老干妈"食品有限责任公司董事长陶华碧接受采访，讲述人大代表之路。她认为党的政策好了，要本本分分地做事回报国家，企业要干干净净，一分钱税都不能漏。上要对得起祖宗，下要对得起百姓。

当陶华碧说起自己的艰难创业经历时，声音哽咽："拉过黄包车；没有找政府贷一分钱的款，靠自己努力奋斗……我是从艰难环境中走出来的人，懂得珍惜，知道做什么就要珍惜什么。"

以下是记者与陶华碧对话实录。

问："很多人都吃'老干妈'，你能谈一下'老干妈'成功的秘诀是什么吗？"

陶华碧："要说成功的原因，是我以前太苦了，一提起来我就流泪；我丈夫去世得早，还要拉扯两个儿子长大，拉过黄包车（哽咽）；没有找政府贷一分钱的款，靠自己努力奋斗。你看我身上，都贴着膏药，整个背上都贴着。当时人家做得了100斤，我也要做下来；如果人家男子汉做得了，我做不了，别人就要笑话我。好苦啊，打八磅锤，七八十岁的人都叫我'老干妈'。

"我拉扯两个学生读大学，我就叫他们好好生生读书，要做好事，我是从艰难环境走出来的人，懂得珍惜，知道做什么就要珍惜什么。因为食品和药品都是一样的，如果要做好，要做成企业，要打出个名声，就要有良心，要有职业道德。我的儿子也很优秀，我走到今天也快70岁了，要一代一代地传下去。”

问：“你今年都关注哪些问题？”

陶华碧：“我主要是关心事业，要把事业做大做强，回报党和政府。国家靠税收，我多做一点没有关系，我们企业干干净净，一分钱税都不会漏，偷税漏税是很不好的。我们的产品质量是很好的，是过关的，现在也走出去了，只要有华人的地方就有‘老干妈’。现在(‘老干妈’)产品有70多个品种，我还要做系列产品，我的儿子、孙子也要做下去，多为社会做贡献。”

问：“你想过退下来颐养天年吗？”

陶华碧：“我的儿子很能干，他们在前面做事，我给他们稳定后方。我会尽我最大努力，直到我做不了的那一天。现在（企业）有几千人了，我要管工人吃住，我对他们比对我子女还心疼。工人生病了，我要去看望。有一个保安，他爱喝酒，结果得了胰腺炎，我把他送到省医院，花很多钱救活了。”

问：“你对人民代表大会制度有什么个人建议吗？”

陶华碧：“我觉得很好。”

问：“你对这几年人大代表任期有什么感想？”

陶华碧：“我是2008年当选全国人大代表的。这5年来，党的政策也好了，各级干部也给予我们很大的支持，特别是温总理对我们这么大的鼓励，我就要好好生生地做事。我的儿子一个是40多岁，一个是30多岁，(大的)经常是在国外，在全世界跑市场，小儿子就管理内部。我们一家人都是本本分分地做人，本本分分地做事，做的事情上要对得起祖宗，下要对得起百姓。”

从陶华碧的采访对话中我们可以看出，她是一个将个人荣辱与生活挂钩的人，不贪私利，不借力使力，心怀大爱的可敬的“老干妈”。

“正是有了各级党委、政府的支持，‘老干妈’这个企业才能不断发展壮大到今天的规模，所以我一直都告诉我的员工，我们的企业必须诚信纳税。”陶华碧谈到企业多年来的发展时，感慨良多，作为贵州乃至全国民营企业的“纳税明星”，她都表示诚信是企业的分内事，依法纳税正是对国家和社会的诚信。

但“老干妈”陶华碧告诉我们，还有另一种方式也可以把事情做成，那就是踏踏实实做企业。

在贵阳，久未接受媒体采访的“老干妈”陶华碧破例接受凤凰网资讯对话，长谈了一个下午。

纳税4亿的“老干妈”，自创业之初，首要原则就是诚信纳税，不按时交税睡不着觉。贵阳南明区一次纳税大户评选大会上，税务部门少算30万元，将第一纳税大户“老干妈”排到了第二。税务部门想私下补上，糊弄过去，“老干妈”不吃这一套，奖品奖金一分钱不要，“必须在大会上公开给我个说法，这是你们的工作，也是你们的职责！”这是“老干妈”干脆而简洁的态度。

因为纳税，“老干妈”还跟税务部门的人打过架。有一次，她主动去税务局纳税，工作人员不给上，说要去送孩子上学，让她改天再来。“老干妈”怒了，上去跟他干了一架：“我主动来纳税，你还刁难我！”

回忆起过去的创业路，“老干妈”多次感慨“太困难了”、“我吃了好多苦”，2012年两会期间，她在接受凤凰网对话时，数度哽咽落泪。

“老干妈”如今已经是中国辣椒制品行业的巨头了，2014年

1 月 26 日陶华碧以全国人大代表身份应邀出席贵州省“两会”。记者问及“老干妈”公司 2012 年业绩及纳税金额可否披露，陶华碧答：“可以报道啊，没关系啊，纳税光荣嘛。”

“老干妈”公司自 1997 年成立至今，连年获评贵阳市或南明区“纳税先进单位”，陶华碧认为这个荣誉是对“老干妈”公司及她个人最好的回报。

据陶华碧身边工作了十七八年的保健医生介绍，作为连任代表的“老干妈”，参加了 7 年“两会”都从未接受过采访。这一次，记者请朋友引荐，终于独家采访成功。

媒体圈的人都知道，想采访到贵阳南明“老干妈”风味食品有限责任公司董事长“老干妈”陶华碧，并不是一件容易的事情。如今关于“老干妈”的新闻，大多还是来自多年前的报道。7 年来，并不是没有记者对她进行“围追堵截”，而是每当有记者走近她时，她要么选择不吱声，要么就索性“逃跑”。

据一位媒体同行介绍，有一年参加全国“两会”，在人民大会堂门口，“老干妈”又被一群记者围堵了起来。无奈之下，只得故技重演——“逃跑”。一不留神，她还跑错方向迷了路。后来，有工作人员找了许久才找到她。

虽然天天参加贵州团的分组讨论，给陶华碧拍照的记者也很多，但无一例外，都没有人敢上前去邀约采访，估计是碰钉子次数太多的缘故。

通过查阅资料发现，最近关于“老干妈”的一篇报道，是某网站两天前的一条图片新闻，内容只有一句话——亿万富豪“老干妈”陶华碧上“两会”。记者看到，就算只有这句话，转载和评论也非常多，可见陶华碧的粉丝之众，受关注之高。

据“老干妈”的保健医生麻文静介绍，有个代表想和“老干妈”合影，硬是说了几天的好话，她才答应。

陶华碧是一个十分深居简出的人，想要采访到她很不容易，记者们为了能够和她搭上话都绞尽了脑汁。

终于经过朋友的牵线，有记者采访到了她。

陶华碧年纪大了，年轻时和创业时又太过辛苦，身体落下了一大堆的毛病，常常颈椎痛，连开会期间都要不时地去医院打针治疗。

“她文化水平不高，没有任何财务知识，但她喜欢钻研，记忆力惊人，不畏艰难，执着于想做的事，对现金近乎偏执地重视，绝不涉足自己不熟悉的行业，每一次迈出扩张的脚步都慎之又慎。2012 年，她以 36 亿身家登上胡润中国富豪榜。2012 年，‘老干妈’产值达 33.7 亿，纳税 4.3 亿，人均产值 168.5 万元。”——这是在网上能搜索到的最近一篇关于“老干妈”财富的报道。

这么多年来，但凡和“老干妈”有关的报道，都少不了这句话——不偷税、不贷款、不欠钱、不上市，有多大本事就做多大事。

那么，时过境迁，“老干妈”的原则和底线，她自己有没有打破呢？

记者问到了“老干妈”关于是否借贷的问题，她十分坚定地说，至今没有借过一分钱。语气中充满了骄傲，铿锵有力的底气就来自于“老干妈”公司数亿元的现金流。

“老干妈”一直坚守底线，认为有多大本事就做多大的事，从不轻易越界。

“老干妈”产品出名后，一直有各种各样的假冒伪劣产品出现，极大地威胁到“老干妈”产品的声誉以及消费者的利益，所以“老干妈”公司每年都要拿出两三千万专项资金来“打假”。最近几年，在省里的支持下，市场上假冒“老干妈”辣椒酱的现象得到缓解。

“老干妈”“两会”上提交的建议再次涉及“打假”这个内容。提到假冒“老干妈”的产品，陶华碧非常气愤，她说自己这几年提交的建议，都和“打假”有关。

“老干妈”解释，很多带“干”的牌子，借着“老干妈”辣椒酱的名声在市场上销售。她特别担心这些产品质量不过关，毁了“老干妈”的名声，更伤了老百姓的身体。

交谈中，她数次强调食品安全的重要性，她认为国家就是要用法律法规把假冒伪劣产品打得干干净净。

“你看到假冒的产品，就告诉我，我会付给你感谢费。”“老干妈”说，任何人看到假冒产品后，都可以向“老干妈”的公司反馈。

一瓶 280 克的“老干妈”辣酱，中国 1 号店网站卖人民币 7.9 元，美国亚马逊卖 3.9 美元（人民币 24 元）。

“老干妈”在国外被译作“Lao GanMa”，登上了奢侈品折扣网站 Gilt，并被誉为全球顶级的热酱，在微博上被戏称为“一秒钟变格格”。售价由原本北美华人超市中的 2 美元变为了近 12 美元，这不得不令中国人大呼意外。

“老干妈”在中国只是超市中最普通的酱料。然而，在 Gilt 这家时尚折扣店里，“老干妈”辣椒酱却在食材推荐的类别中占据了一席之地，购买者除了需要为身价不菲价格直奔 12 美元的它买单外，还需另外支付运费。

网上都说，“老干妈”辣椒酱在国外是土豪金，对此“老干妈”陶华碧怎么看呢？

“你说‘老干妈’卖到多少个国家？我也不晓得卖到了多少个国家，我只能告诉你，全世界有华人的地方就有‘老干妈’。”陶华碧豪气地回答。

PART 6
我的中国梦

时代赋予每个人实现梦想的权利，每个人也都在以自身的力量实现中国梦。

董明珠：让世界爱上中国造

活到 100 岁，如果没有价值，那毫无意义。为了创造更大价值，我宁可少活 10 年！我的梦想就是让世界爱上中国造！

——董明珠——

中国饭要由“中国造”

到日本旅游，顺手抱一只电饭煲回来，已成为“时尚”。前些年，在东京的秋叶原，满大街都是拎着电饭煲的中国游客。有的人在免税商场一口气买了 6 只电饭煲！不仅买电饭煲，还买马桶盖，以及其他诸如陶瓷菜刀、吹风机、保温杯、纳豆、美容保健品、感冒药、香烟……

有报道称，在日本的免税店，一上午就有十几辆大巴满载中国游客专程采购。一万多人民币的电饭煲每天卖几十台，买主 80% 来自中国；2000 元的带杀菌除臭、加热、冲洗等功能的马桶盖，也遭疯抢。日本免税店营业员用难掩喜悦的神情和拗口的汉语说：“只要有中国游客团来，每天都会买断货。”

有人说，从电饭煲到马桶盖，都归属于传统产业，但它们是否“日落西山”、无利可图，完全取决于技术和理念的创新。从这个意义上讲，世上本无夕阳的产业，只有夕阳的企业和夕阳的人。

也有人说，亲戚家从日本带回来的马桶盖，用了不到半年就出现了问题，冲不干净。由于日本各大品牌目前还没有实行全球联保，带回的马桶盖出现任何问题，没法在国内维修。除了电饭煲和马桶盖，也有人大费周章地从日本扛回了天价大米，结果回来才知道，这种大米在国内市场也有，而且很便宜。

日本大米真的比国内大米好吗？几年前，日本驻沈阳总领事馆总领事松本正雄的太太，按照日本的做法将国内的大米和日本的大米进行了试做试吃，从多个方面对两种大米进行了比较，并用表格的方式记录下来。最后她得出结论：中国同样的大米，整体优先于日本原产产品！

其实，被中国游客同样热捧的电饭煲，也存在着相似的情况。在有着40年从业经验的日本电饭煲专家宫口淳一看来，中、日两国生产的电饭煲，技术差别并不大。记者在国内和日本分别选择了一款4000元左右、功能相近的电饭煲进行实验。实验中，工作人员选择相同的米和水，且严格按照各个品牌电饭煲对水和米的比例要求做了两锅米饭，又随机找了10位烹饪经验丰富的大爷大妈进行试吃，前提是他们并不知道米饭是哪个锅里煮出来的。结果，10个人里有5个人认为国产电饭煲煲得饭好吃。

我们可以看出，国产电饭煲丝毫不逊色于日本电饭煲。无论是从外观设计还是操作应用上，国产电饭煲与日本产的电饭煲的制造水准都在伯仲之间。

但即便如此，中国人还是生生创造出一个网络新热词：“爆买！”

2016年初，日本官方宣布了一组惊人的数字。日本国土交通大臣石井启一透露，2015年访日外国游客总数达1973.74万人，在日本消费总额比 2014 年增长 70%，达到 3.47 万亿日元，两项皆创历史新高。据日本观光厅统计，2015 年访日中国游客翻了一番，达到 500 万人次，中国游客总消费额达 1.41 万亿日元。其中，中国游客以人均消费 28.38 万日元，位居榜首。也就是说，2015 年到日本旅游的中国人只占总数的 1/4，然而却贡献了全年 41% 的消费总额，约 800 亿人民币。

“爆买”入选日本年度流行语大奖在中国成为热门话题。这不仅引来众多网友热议，更是让中国不少成功企业家感慨良多。“两会”期间，有记者就这一热点话题采访了董明珠，一向快人快语、霸气耿直、满怀爱国感情的她谈及这一话题显得相当气愤，情绪也颇为激动。她说：“我们这么一个制造大国，怎么可能打造不出让人心动的产品？我特别‘生气’到国外买电饭煲这件事，这个事真的刺痛了我的神经。我觉得很遗憾，同时也很悲哀。没有理由中国那么多制造企业，连一个电饭煲都做不好。”她还说：“中国企业要想强大，不能一味地依赖政府的政策扶持，而是要靠自己的力量实现自强、自救。企业的转型要靠自己，但在政策上希望政府提供一个公平的市场环境。

“2015 年初，媒体报道很多人到日本买电饭煲、马桶盖，我以为是大家迷信国外产品，后来仔细研究了一下日本的电饭煲，发现他们做得的确非常好。”与雷军的观点不同的是，2016 年 3 月 8 日下午，董明珠摆了一个“饭局”。

其实，这是她准备许久的一个饭局。开场白时她说：“我的自媒体即刻起开始上线，希望大家都能够在我们的线上，共同讨论和关心我们的国家大事。”

白色的小餐盘，4 勺白米饭，这就是她请的饭。

没有菜，饭也不是白请的。她要求现场嘉宾和记者来给 4 种米饭盲测，它们是由包括格力大松在内的 5 种品牌的电饭煲烹饪出来的。

这 4 个餐盘里分别放了 4 种米饭，用 ABCD 标注。它们的加热方式、IH 段数、容量、米量和水量都是相同的。在场的嘉宾和记者都可以通过董明珠自媒体扫码投票，选出自己认为口感最好的米饭。这是一次客观公正的盲测。

结果选择 A 米饭的有 8 人，选择 B 米饭的有 14 人，选择 C 米饭的是 5 人，选择 D 米饭的是 31 人。

D 正是格力的大松电饭煲。

毫无悬念，大松高票胜出。

中国质量协会全国用户委员会部长李高帅现场还发布了一份检测报告，通过实验对比，从粗蛋白的含量指标来看，格力电饭煲也超出了来自日本的三个国外知名品牌。

憋了一年的气，董明珠说，现在可以消了。

董明珠说，这个结果，就是要证明给国人看，争抢去日本购买电饭煲，是因为国人不自信！“格力举办此次体验活动，就是为了让消费者了解到，中国也有好的电饭煲，并以此为契机，重建国人对中国制造的信心。”

一年前，董明珠表示要拿自家的产品跟国外的品牌竞争时，有很多人对此嗤之以鼻，认为这是天方夜谭，但一年后，她让所有中国人明白了一件事：她做得到！

格力电器工程师孔进喜告诉《财经国家周刊》的记者，2012 年他从华中农业大学研究生毕业后进入格力，4 年时间里，他和其他 3 名研究生组成的小分队就只做了一件事：煮米饭。他们每天用不同的实验，琢磨怎么改进口感，先后用了 20 多种不同品牌的大米，4 年用掉了 4.5 吨大米。而他们 4 个只是其中的一个小分支，在格力，服务电饭煲研发生产的是几百人的团队。从内胆结构，到外观设计，每一个技术细节，都经过成百上千次的实验。

这就是董明珠所一直强调的“工匠精神”。她说：“如果没有工匠精神，马桶盖事件不能杜绝。只有具有了工匠精神，我觉得马桶盖事件才可能不会发生。”

“工匠精神”的核心是品质。在董明珠看来，从空调到电饭煲，格力每一个产品，都带着“工匠精神”的基因。这种与生俱来的品质基因，让格力造在任何一个产品领域都有底气争第一。

“我希望中国更多的企业走向世界，用我们的技术，我们的品质，我们的品牌，为全世界服务。”董明珠说，“提升中国造的水平，是我一生的追求。为了让国人不用到国外去买电饭煲，格力始终坚持核心科技和原创设计，用品质卓越的产品打动消费者，让国人爱上中国造，才能让世界爱上中国造。”

或许，经济学家周其仁说的那些话是十分正确的：“现在国内生产的很多产品，要是品质有所改善，跟上迅速崛起的中产阶级的品质和时间需求，就会有巨大的市场。中国消费者市场面临的是一场‘品质改革’，谁带这个头，谁就能上去。中国不缺市场，缺的是技术；不缺产品，缺的是精品。重建国人对国货的自信，需要更多的中国企业志存高远、埋头苦干。只有这样的企业多了，中国制造的大旗才能扛得住、立得住。”

或许，只有相信自己能够改变世界的人，才能真正地改变世界。毫无疑问，董明珠就是这个带头扛起中国制造大旗的人。董明珠说：“活到 100 岁，如果没有价值，那毫无意义。为了创造更大价值，我宁可少活 10 年！我的梦想就是让世界爱上中国造！”

为了这个梦想，她像唐吉诃德一样，在别人不看好中国制造业的时候，她却在移动互联网时代为中国制造业摇旗呐喊，她不允许自己失败，也不害怕被人误解。这种精神，难道不是那些毫无自信的人应该学习的吗？

为本土品牌权益勇敢发声

2006年，董明珠对安徽省合肥市政府采购中心进行了投诉，并得到中央电视台的密切关注。经过一番有理有据的斗争，合肥市政府最终做出了让步。这是当年轰动商业圈的一件大事，事件的起因是安徽省合肥市政府一个不公平的招标公告。董明珠建言应支持本土品牌。

2006年11月25日，安徽省合肥市政府采购中心发布了《合肥市国土资源局综合楼中央空调系统设备招标公告》，由合肥市政务文化开发投资有限公司通过公开招标方式，对国土资源局综合楼中央空调系统设备进行国内公开招标。招标公告称合肥市国土资源局综合楼项目公开招标的中央空调系统设备，包括螺杆式冷水机组两台、冷却塔两台、空调离心泵和空调末端若干。其中，螺杆式冷水机组和空调离心泵的整机，明确要求必须是“欧美原装进口”。

格力是标准的本土品牌，没有外来的资本和技术合作，尽管它占据了国内市场绝对份额并在国际市场上拥有一席之地，但不管格力空调的质量有多么好，技术有多么硬，可“出身”不符合要求，它就不具备参与公开招标的资格。

对此，董明珠非常不满，也很气愤。要知道，这样的招标对国内的民族企业来说，有失公允。不仅在这个地方，在其他相关部门也出现过类似的事件，这就要求政府采购必须做出相应的调整。

在2007年召开的全国“两会”上，作为全国人大代表的董明珠，提出了两项议案。其中一项就是建议政府采购向自主创新的本土企业倾斜。她说："其实，本土企业的很多技术已经超过了国际水平，完全达到了政府提出的采购要求。但是，我们的政府却在采购的招标过程中，发出这样的告知'只采购进口的品牌'，就这一条，就把本土企业无情地拒之门外。我觉得只要我们本土企业的品牌在质量上达到或者已经超过了进口品牌，政府采购就应该无条件地选择本土品牌，以此来支持本土企业的自主创新。"

从一个10多年前只有两万台空调的小工厂，发展至目前拥有3万名员工、年产1500万台空调的全球最大的专业化企业，格力快速发展的关键就是坚持了自主创新，即以自强、自主、自立为中心，围绕人才培养创新、技术创新、管理创新、营销创新等几大方面进行全面创新。随着对技术研发的不断投入，格力空调已经发展成为中国乃至全球销量居首的空调企业，每年的增长幅度高达30%。2013年，格力空调的自主品牌产品就已经出口到100多个国家和地区，且已经成为当地市场占有率第一的空调品牌。

而目前在国家政府机关、国家重大工程、大型国企、地方政府及相关部门中央空调的采购投标过程中，即便民族品牌的价格比国外品牌低1/3，这些单位的采购仍优先考虑国外品牌。董明珠认为，政府应该多购买本土品牌，哪怕是只向本土自主创新的品牌倾斜一点，也是在重视和促进本土企业自主创新。

目前，有些企业的自主创新能力还有很大的缺失，但这里面也是有原因的。董明珠认为："首先，内外资企业享受不同的政策待遇，使得部分企业家急功近利追逐优惠政策，而不愿潜心钻研经营和技术进步；其次，国家的相关出口政策没有对自主品牌和贴牌出口产品形成差异扶持，导致市场竞争力下降；第三，一部分企业家耐不住制造业的艰辛，经受不住其他行业的诱惑，从而半途而废。”

应该说，格力在努力学习国际先进经验的同时，也在不断进行自主创新，许多技术达到甚至超过了国际先进水平。早在2006年格力就获得了世界品牌的荣誉称号，并拿了全国质量奖。无论是技术、质量还是品种，格力完全可以满足国内各种场合对空调的需求。但政府采购部门却将其拒之门外，其实它们采购计划的外资企业大部分也是在中国生产的。这些企业采购的是中国的材料，技术和管理也跟国内其他企业处于同等水平，但它们的售后维护成本却非常高。唯一不同的只是，它们贴的是国外商标。

纵观中国的空调企业，大部分都是合资企业，或者是以引进技术为主的合作企业，几乎没有一个像格力这样的纯粹的本土品牌。这种合资品牌的发展，对自主创新品牌的发展没有太多的好处。董明珠认为，能让本土品牌既有优势，又有竞争力，就是要切实加大研发投入，加快产品的更新换代。政府采购招标，应该以技术标准来定门槛，而不是以品牌来定门槛。她认为，政府采购与普通商业消费采购不同，必须强调执行公共政策职能，而不是完全的经济效益职能。应加快和完善立法，尽快出台有关政策，扶持自主创新的民族品牌。制定具体的、可执行的、可监督的措施，防止政策在执行过程中走样。政策的倾斜应针对自主创新品牌，严格规范自主创新产品目录。

董明珠强调政府采购应以性价比为标准，而不是以国产还是欧美、日本等洋品牌作为衡量标准。通过政府采购政策支持本国产业，是世界各国通行的做法。

董明珠的建言引起了各级政府的高度重视。2008年，珠海市率先在全省范围内创造性地制定了《自主创新政府采购审核办法》，从制度上落实政府采购对自主创新的本土企业的扶持功能，确立了珠海市自主创新企业在珠海市政府采购市场的竞争优势。

珠海市空调机政府采购中亦给予充分政策倾斜，确定格力空调为珠海市政府采购协议供应商，为空调产品的首购、优先采购、强制采购品牌，使格力空调基本上垄断了珠海市政府采购市场。

2009 年，广东省也制定了《自主创新产品政府采购的若干意见》，标志着广东省的政府采购为自主创新产品开启了一条绿色通道。董明珠认为，这一举措，相当于为自主创新型企业提供了四两拨千斤的助力。

2011 年，国家财政部、工业和信息化部制定了《政府采购促进中小企业发展暂行办法》，要求任何单位和个人不得阻挠和限制中小企业自由进入本地区和本行业的政府采购市场，政府采购活动不得以注册资本金、资产总额、营业收入、从业人员、利润、纳税额等供应商的规模大小对中小企业实行差别待遇或歧视待遇。

同时，董明珠又递交了一份《建议出口政策向自主品牌倾斜》的建言。她指出，目前是外贸出口升级转型的关键时期，国家应出台更加明确和有力的政策予以引导。自主品牌产品出口，要在国际营销费用、营运费用等方面做大量投入。在国际上创立一个品牌，动辄需要投入百万元甚至上亿元人民币，巨额的成本和风险使得我国的自主品牌企业裹足不前。

董明珠举例，当前家电产业是优势出口产业，也是贴牌出口居多的产业。如果是贴牌出口，可以通过与进口商之间收现汇或信用证的方式较快结算，符合国家对收汇核销期必须在 90 天以内的规定；如果是自主品牌出口，由于要经过较长的中间环节，如运输、自主销售等，等到将款收回时，经常要超过 90 天。

在出口退税方面，不管是自主品牌出口还是贴牌出口，都应享受到同样水平的出口退税。而国家目前并没有区别对待贴牌出口和自主品牌出口的政策。在贴牌出口仍有微利可图且交易成本低廉的情况下，企业自然会更多地选择贴牌出口。这种做法对扶持自主品牌出口不利，因此在出口退税方面，国家应差别待遇。

有人指责董明珠，敢和当地政府叫板，对国家政策指手画脚。但时代缺乏的不就是这种为国家、社会利益着想，敢于同不公平政策做抗争的精神吗？

领先世界，路途还很漫长

2016 年 4 月 10 日，董明珠在首届中国女性领导力论坛上发表了主题演讲。她表示，中国制造在世界上很长一段时间都是低质、低价的代名词。格力在中东的经销商曾经跟她说过，虽然格力很好，但在我们这里，中国制造给人们的印象就是低质、低价，质量不可靠。

董明珠觉得很丢脸，很不应该。她说："我们要反省一下，改革开放这么多年，我们都干了什么。我们未来应该做什么。中国是一个大国，作为制造大国，中国出口的产品非常之多，但那不是我们的技术，不是我们的工厂。特别是 2015 年，整个社会普遍都在讨论马桶盖、电饭煲事件。有人说，这是因为中国人不爱国，为什么要到国外去买产品？我认为，这不是消费者不爱国，而是因为中国制造者没有爱国精神。中国很多企业把赚钱放在第一位，而不是把社会责任放在第一位。这就是中国制造被认为是低质、低价的根本原因！"

从董明珠的话中，我们不难看出，她把中国制造定义为"社会责任"。一个把金钱放在第一位而不把社会责任当回事的企业，是不可能为中国制造创造财富的，相反它们带给中国的只能是恶劣的名声和糟糕的销售业绩。这样的企业永远不可能走出家门，走向世界。

董明珠自媒体上线时，曾邀请众多好友一起来见证格力大松电饭煲与国外另外 3 家电饭煲之间的较量，结果格力大松获胜！

这说明，董明珠的志向是要带领格力走向世界，让世界一起见证中国制造！

如果中国每一家企业都能把社会担当放在首位，中国的制造业就不愁不发展。但是，即使如格力这样的家电业老大，也不可能不出现半点毛病。古语言“人无完人”，格力再好，也有出现问题的时候。

2012年7月格力发生了除湿机事件，格力除湿机通过Soleus出售的低容量除湿机被美国消费者投诉容易着火。同年，经过测试发现，该产品的确存有设计缺陷，原因是格力在2010年到2012年间生产的产品使用了不合格的材料。最后，格力同意以支付1亿元人民币款项的处罚来应对涉及格力电器的3个指控。至此，有人认为，格力在美国市场陷入质量产品危机之中。更有人说：“在美发生的除湿机质量问题将对董明珠的个人形象造成一定的影响。董明珠一直在宣称为中国制造代言，现在自己的产品都出现了问题，又有什么资格来为中国制造代言呢？”

诚然，格力同意支付赔款，就等于承认了自己的产品在质量上的确出现了问题。但是，出现一次问题，不等于所有产品都有问题，更不等于她意识不到自己的问题。董明珠勇于承认错误，并努力更正，更何况这世上没有什么东西是完美的。

事实上，中国企业在走出去时都会遇到这样或那样的问题，主要是因为不同的国情会出现不同的市场需求，不同的文化、不同的法律制度都会带来一些问题。重要的是问题出现后，不断地提升产品质量和服务，以获取国际市场消费者的认可。

事实上，在外界认为格力面临危机时，格力每次都实现了跨越式发展。

“人生不怕跌倒，跌倒100次，我还要101次爬起来。”用这种精神去做企业，才是真正为社会负责。根据 2015 年业绩报告显示，格力 2015 年上半年营业收入为 501 亿元，净利润为 57 亿元，这个成绩还是非常好的。从这个意义上来讲，这次事件对格力而言，未免不是一件好事。有时，在一种健全的法律制度下，产品质量安全带来的处罚会比较重。经历此次事件，格力只会对自己的产品质量更加重视。

谈及中国制造走向世界，董明珠说要“执念自主创新为国争光”。2015 年 7 月 11 日，格力集团全球首家时尚生活馆在浙江杭州开幕。董明珠亲自出席，并特邀新华社、中新社等在浙媒体人和杭州互联网企业家等代表共话新时代下的“中国制造”。

董明珠在格力 20 余载，从珠海的一家小电器公司做到现在的世界 500 强企业之一，中国制造走出了国门，走向了世界，但对于“中国制造”在世界上的认可度，董明珠依旧忧心。

她表示，同一款产品，德国制造就是比中国制造贵 100 欧元，很多外国客户对于中国制造的认可度还是偏低。中国制造要想超过德国制造，就必须走自主创新、自主化道路。企业成功之后最大的敌人就是自己，要保持清醒的头脑，每年都要有不断超越自己技术的东西出现，用技术升级来吸引消费者。

10 年前，中国制造业技术和竞争力受到多方质疑，格力也一度遭遇过要卖给外国企业的困境。但董明珠坚持不卖，才好不容易有了今天格力的品牌，中国自己的品牌。董明珠说：“为什么要卖掉？格力的制度、管理、技术以及人才培养都是自己的东西，我们希望格力为中国争一点光。”她说，“大家都有一种初心，作为一名制造业者，我们要时时刻刻考虑国家的利益与消费者的需求。中国有无数个品牌走向世界，中国的形象与地位才能真正领先。无论是国有还是民营企业，都不能放弃原则与尊严，要时刻牢记中国人这个概念，为国争气。”

我们从中可以看出，董明珠从来都是把中国制造放在心里的，她对于企业的发展，已然考虑的不仅仅是企业本身，而是中国企业的尊严、中国人的尊严。

陶华碧：

华人的“老干妈”要卖向世界

我是中国人，我不赚中国人的钱，我要把老干妈卖到外国去，赚外国人的钱。

——陶华碧——

“老干妈”=麻辣酱=正能量

2014年，贵州茅台、“老干妈”分别获封“叱咤全球的国家名片”、“实力雄厚的行业翘楚”。

据媒体报道，泰康人寿、汉能控股、三一重工、燕京啤酒、“老干妈”成为“实力雄厚的行业翘楚”，中粮、中国节能、北汽集团、同仁堂、中国交建成为“成熟稳健的中国力量”。

“老干妈”、神奇集团、益佰制药、朗玛信息、中天城投等10家（个）本土名企、名品，荣膺“贵州民营企业杰出贡献品牌企业及产品”。

在这众多的评选中，总能看到“老干妈”的身影，“老干妈”公司如今已日产200万瓶辣酱，已成为中国最大的辣椒调味品专业生产加工企业。

由于“老干妈”的带动，目前贵州已是中国最大的辣椒生产基地省之一，种植面积已超过13万公顷，2005年时，干椒、鲜椒以及辣椒制品销售总收入已接近30亿元，相当于全省GDP的2%。同时，贵州的油辣椒制品以其显著的香辣特色在全国同类产品中占有70%的市场，2005年销售收入超过15亿元，“老干妈”、“凤辣子”等品牌辣椒调味品在市场中一路看好，其中“老干妈”的拳头产品“风味豆豉”更是在2001年就通过了美国FDA认证。

“老干妈”公司致力于辣椒调味品的生产加工，凭借独特的配方和工艺，企业快速发展，于2002—2004年连续3年荣登“中国私营企业纳税50强”，2005年被国家8个部委评为“农业产业化国家重点龙头企业”。

显然，“老干妈”已经成为一个极具特色的地方性名片，堪称“国民调味品”。

“老干妈”等于麻辣酱。这是人们对于“老干妈”的绝对印象。

在跨界风行的当下，“老干妈”坚决不跨界，只做自己熟悉的领域，这份坚守初心的真诚，又为品牌的价值增加了一份信用度。所以，某种程度上来说，“老干妈”精神代表着一种正能量。

“正能量”指的是一种健康乐观、积极向上的动力和情感。所有积极的、健康的、催人奋进的、给人力量的、充满希望的人和事，都可以被贴上“正能量”的标签。它已经上升为一个充满象征意义的符号。

正能量常常给予人希望，促使人不断追求，是能让生活变得圆满幸福的动力和感情。

人与人之间主要通过语言来进行沟通和交流。和不同的人交流，有不一样的感受。有的人给人希望和信心，让你有那种快乐向上的感觉，对生活充满信心，对未来充满无限希望。当一个人自身充满自信和快乐，那么带给他人的也是自信和快乐。陶华碧在公司里，几乎没有人看到过她沮丧和失落，她每天都笑呵呵地和人们打招呼，人们体会到的也是她的快乐。快乐可以传染，因为“老干妈”公司里每天都是积极健康的笑声。

我们每个人天生都带着正、负两种能量，让人心情愉悦的人传播的是正能量，但大多数人都在释放负能量，比如抱怨工作压力大、经济压力大，以及过多地指责、冷漠，等等。负能量将身体的正能量全部耗尽，并且传播给周围的人，就像病毒的传播一样，也让周围人传染上，引得别人心情也不好，时间久了，会对自身和他人造成相当大的伤害。而正能量则相反，它可以让人变得积极健康。

简单地说，“老干妈”不仅仅是传统意义上的麻辣酱，更是能够给人带来正能量的麻辣酱。

靠舌尖的味道征服世界

在政府及有关部门的关心、帮助和大力支持下，“老干妈”适时地抓住了发展机遇，内抓管理，外拓市场，不断完善基础设施建设和加大技术改造力度，促使公司的综合生产经营能力得到大幅提高。在产品供不应求的情况下，“老干妈”公司在保持产量稳步提升的情况下开拓进取，在立足国内市场的同时，积极拓展国际市场。

2000年，国家外经贸部赋予了“老干妈”自营进出口权，为“老干妈”系列产品冲出国门、走向世界提供了优厚的条件。富有贵阳特色的“老干妈”系列辣椒产品，红遍全国大江南北，并远销欧盟、美国、澳大利亚、新西兰、日本、韩国、南非等40多个国家和地区。正如博鳌亚洲论坛秘书长龙永图所说：“在世界各地，只要有华人的地方，就有贵阳‘老干妈’。”

陶华碧说：“没有党和政府对企业的关心、帮助和支持，就没有我‘老干妈’今天的一切，衷心感谢党、感谢政府。我和全体员工只有倍加努力，一手抓改革，一手抓发展，将企业搞得更好，才能对得起党和政府。”

企业的国际化已成不可阻挡的潮流。但同时，它又是一柄双刃剑。国际市场的竞争从来都是艰难的博弈。中国的传统酱类调味品市场要摆脱持续低层次竞争局面，就必须“走出去”与高手过招。显然，“老干妈”是国内为数不多的具备“与狼共舞”实力的企业。

“老干妈”做大了，就多少会有一些负面新闻找上她。

2015 年 2 月 6 日，网络爆出“老干妈”不用贵州辣椒，而使用价低质次的外地辣椒。陶华碧作为人大代表参会期间，就此事回应了记者。她称贵州辣椒与杂交品种相比，产量低，抗病性不强，品种退化，种植成本高收益低，因而被边缘化。

事实上，“老干妈”企业帮助过本土企业数万辣椒种植户脱贫致富，后来确实因为辣椒种植收益的问题，不得已采用外地辣椒。

在生意场上，“老干妈”陶华碧说：“我不怕别人说什么，我就是要做一个对得起良心的企业。”从中我们也看得出她的诚意。正是凭借着这份诚意，“老干妈”成为本地知名的品牌，并逐渐向外推销。最终如愿，“老干妈”在贵州成了家喻户晓的辣椒品牌，在全国也拥有了极高的知名度。但“老干妈”的志气并不满足于此，它不止国内要拥有人气，还要卖到国外去，走向世界。

可能陶华碧自己也没有想到，自己的麻辣酱会卖到国际上去，但随着自己一天天的努力，从未想过的事竟然成了现实。

美国亚马逊网站“老干妈”销售页面，有几十条美国网友的评论，大家交流着各自的“吃后感”，不少人称“老干妈”辣酱为“史上最好吃的辣酱”。

波特兰的网友 G.Day 说，自己吃了 50 年辣酱，绝对是个辣酱发烧友，但他觉得从来没有一种辣酱能比得上“老干妈”。

消费者乔安娜也给了“老干妈”一个五星级好评，“在美国不太容易买到正宗的中国辣酱，‘老干妈’是我的最爱。”她说，“我给我周围的朋友推荐，告诉他们这可不是墨西哥辣酱那样的酱，这酱非同凡响。”

美国奢侈品闪购电商 Gilt 更是将“老干妈”誉为“全球顶级

的辣酱”，并称其为“教母”。

在人们普遍爱吃辣的韩国，“老干妈”的口味更加受欢迎。一名首尔的网友在推特上讲述自己曾经吃过一种类似韩国豆豉但比韩国豆豉更好吃的中国辣酱后久久不能忘怀的经历，然后向朋友们询问是否有人知道这种辣酱的名字以及售卖地点。

这条推文立即引来100多条评论，有人表示好奇，有人跟他一样“同问”，有人表达对这种辣酱炙热的喜爱，当然也有人告诉他“这个辣酱的名字是‘老干妈’，南大门附近的中国超市有卖”。

在日本，虽然大多数人喜欢清淡偏甜的口味，但是“老干妈”依旧魅力难挡。一家超市的工作人员说，在日本受到绝对欢迎的要数“风味豆豉”口味。一名很喜欢吃“老干妈”的日本人说，“老干妈”里面的发酵大豆——豆豉与日本人喜欢的纳豆有些相似，而且豆豉稍微减轻了辣味，制作干拌担担面很方便。

有网友发微博称：“在韩国的亲！你的女神来韩国啦！‘老干妈’韩国各大homeplus有售，3800韩币一瓶，约合21元。”此微博一时成为热门话题，引发了众网友转发和热议。

2015年3月初，美国《洛杉矶时报》邀请了两位名厨和一名美食评论家盲选辣酱，最终“老干妈”辣酱杀出重围，获评最佳辣酱。

另外，也有不少网友表示，我们的国民名牌“老干妈”进入国际市场，相信也能给留学、工作在外的华人带来不少家乡的味道。

从本土出发，走向了国际，“老干妈”靠舌尖的味道征服了世界，也实现了一个看似不可能实现的理想。

后记

董明珠创业史及年谱

董明珠创业史:

1954年,出生在南京一个普通人家。

1975—1990年,在南京一家化工研究所做行政管理工作。

1990—1994年,先后任珠海格力电器股份有限公司安徽、南京片区业务经理。

1994—1995年,任珠海格力电器股份有限公司经营部部长。

1996—1997年,任珠海格力电器股份有限公司销售公司经理。

1997—2001年,任珠海格力电器股份有限公司副总经理。

2001—2006年,任珠海格力电器股份有限公司总裁。

2006—2012年,任珠海格力电器股份有限公司副董事长、总裁。

2012—2016年,任珠海格力集团董事长,珠海格力电器股份有限公司董事长、总裁。

董明珠荣誉年谱:

1996年,带领格力电器的23名营销业务员让格力空调首次成为全国销量第一。

1999年,获得全国五一劳动奖章。

2003年,当选第十届全国人大代表,同年入选“2003年度十大最具影响力华商女企业家”。

2004年，美国《财富》杂志“全球50名最具影响力的商界女强人”，被广州中山大学管理学院聘为兼职教授。

2005年，美国《财富》杂志“全球50名最具影响力的商界女强人”。

2006年，荣获“2005年度中国女性创业经济大奖”。

2007年，美国《福布斯》杂志“2007年度全球最具影响力的100位女性”，“2006年CCTV中国经济年度人物”。

2008年，当选第十一届全国人大代表，美国《财富》杂志“全球50名最具影响力的商界女强人”。

2009年，广东首届“自主创新十大女杰”。

2010年，《金融时报》“全球最具影响力的50名商界女强人”，荣获“首届华德奖最受尊敬企业家”称号，十个“第一”广东杰出女性人物。

2011年，荣获“2010年CCTV中国经济年度人物”创新奖，荣获“中国最佳商业领袖奖”，《中国企业家》杂志“2011年30位年度商界木兰”。

2012年，美国《财富》杂志“全球50名最具影响力的商界女强人”，亚洲质量网“石川馨－狩野奖”。

2013年，荣获“中国最佳CEO”称号，同年入选“第十四届中国经济年度人物”，位列“2013年福布斯亚洲商界权势女性榜”第11名。

2014年，美国《财富》杂志“全球50名最具影响力的商界女强人”。

2015年，荣获“全国劳模”、“三八红旗手”称号，《财富》杂志“亚太最具影响力的25位商界女性第一名”，格力电器“分体式壁挂机壳体”联名获得第十七届中国专利奖外观设计金奖。

2016 年，“2015 中国十大经济年度人物奖”，位列“中国最具影响力的 50 位商界领袖”第 11 名。

“老干妈”发展纪事

“老干妈”发展业绩：

1997 年，企业产值 1400 万元，上缴税金 86 万元。

1998 年，企业产值 5014 万元，上缴税金 329 万元。

1999 年，企业产值 1.26 亿元，上缴税金 1500 万元。

2000 年，企业产值 1.5 亿元，上缴税金 2464 万元。

2001 年，企业产值 2.15 亿元，上缴税金 3700 万元。

2002 年，企业产值 3.8 亿元，上缴税金 5188 万元。

2003 年，企业产值 6.25 亿元，上缴税金 7800 万元。

2004 年，企业产值 8.08 亿元，上缴税金 7500 万元。

2005 年，企业产值 10 亿元，上缴税金 1.4 亿元。

2006 年，企业产值 12 亿元，上缴税金 1.67 亿元。

……

2013 年，企业产值 37.2 亿元，上缴税金 5.1 亿元。

“老干妈”历年荣誉：

1998 年：

被贵阳市南明区授予“先进纳税户”称号

被贵阳市南明区地方税务局授予“先进纳税大户”称号

系列产品被贵阳市政府评定为“贵阳市名牌产品”

被贵阳市政府授予“质量管理先进企业”称号

被贵阳市技术监督局评为“贯彻实施技术监督法规先进企业”

产品“老干妈风味豆豉”被评为“贵州省名牌产品”

1999 年：

产品“老干妈风味油辣椒”被评为“贵阳市（推荐）名牌产品”

产品“老干妈风味油辣椒”被评为“贵州省名牌产品”

被贵阳市委、市政府评为“贵阳市十强民营企业”

被南明区评为“经济工作先进单位”

被南明区评定为“十佳纳税企业”

“陶华碧牌老干妈”商标被评为“贵州省著名商标”

被中国食品工业协会授予“全国质量效益型先进企业”称号

2000 年：

被评为“贵阳市南明区重点企业”

被评为“贵阳市非公有制经济先进私营企业”

被贵州省委、省政府授予“贵州省非公有制经济‘明星企业’”暨“一九九九年度发展乡镇企业‘先进企业’”称号

产品“老干妈鲜牛肉末”被评为“贵州省名牌产品”称号

被国家农业部评为“全国乡镇企业质量管理先进单位”称号

2001 年：

被贵阳市政府授予“党建文明先进单位”称号

荣获“‘十强’纳税大户”称号

被贵州省农业厅等十二厅局评定为“贵州省农业产业化经营重点龙头企业”

被中国食品工业协会评定为“中国农业产业化经营20大龙头食品企业”称号

系列产品被评为“2001中国国际农业博览会名牌产品”

2002年：

被贵州省国家税务局和贵州省地方税务局共同评定为“诚信纳税企业”

被贵阳市人民政府授予“非公有制工业企业党建先进单位”

被贵州省委、省政府授予“1999—2002年度文明单位”称号

被贵州省委、贵州省人民政府评为“发展乡镇企业先进单位”

年度纳税额在国家税务总局统计的排行榜中名列中国私营企业纳税第五名

通过ISO9001质量管理体系认证

2003年：

被贵阳市政府授予“党建文明先进单位”称号

荣获“‘十强’纳税大户”称号

被贵阳市委、市政府评为“‘十佳’明星企业”

成为“贵州质量诚信企业联盟行业独家发起单位”

被评为“贵州省食品工业杰出企业”

注册商标“老干妈”被评为“贵州省食品工业著名品牌”

被贵阳市南明区委、区人民政府授予“纳税突出贡献企业”称号

被贵阳市人民政府授予“非公有制工业企业党建先进单位”

年度纳税额在国家税务总局统计的排行榜中名列中国私营企业纳税第十名

2004 年：

产品“油辣椒”被评定为“绿色食品”

被中国保护消费者基金会评为“质量放心、用户满意”双优品牌

产品“鲜肉丝豆豉”和“红油腐乳”分别荣获贵阳市优秀新产品三等奖和鼓励奖

荣获“2003 年度重点非公有制经济优势企业”称号

注册商标“老干妈”被贵州省工商局评为“贵州十佳著名商标”和“消费者喜爱的品牌”

被国家农业部、发改委、财政部等 8 部委认定为“农业产业化国家重点龙头企业”

被中国食品安全年会组委会授予“全国食品安全示范单位”

被贵州省国家税务局和地方税务局共同评为“A 级纳税信用企业”

年度纳税额在国家税务总局统计的排行榜中名列中国私营企业纳税第二十五名

通过 ISO14001 环境管理体系认证

2005 年：

被评为“首届贵州省 50 家诚信单位”

被授予“依法治厂示范单位”

被授予“贵州省知识产权试点单位”

被国家农业部、发改委、财政部等 8 部委评为“全国农业产业化优秀重点龙头企业”

被授予历届中国食品博览会参展产品“最佳成果奖”

产品“鲜肉丝豆豉”、“香辣脆”、“辣三丁”和“辣子鸡”被评为“贵阳市（推荐）名牌产品”

被农业部评为“全国农产品加工示范企业”

被贵州省国家税务局和地方税务局共同评为“A 级纳税信用企业”

年度纳税额在国家税务总局统计的排行榜中名列中国私营企业纳税第三十七名

2006 年：

通过 HACCP 认证

系列产品荣获 2006“开磷杯”多彩贵州旅游商品两赛一会贵阳市选拔赛旅游商品设计大赛优秀奖

系列产品荣获 2006“开磷杯”多彩贵州旅游商品设计大赛特别提名奖

荣获“中国名牌产品”称号

荣获 2005—2006 年度全国食品工业优秀龙头食品企业称号

2007 年：

“陶华碧老干妈及图”荣获驰名商标

2014 年：

“老干妈”入选 2014 年中国最有价值品牌 500 强榜单，以 160.59 亿元的品牌价值名列第 151 位